选准赛道 再奔跑

七芊 著

中信出版集团 | 北京

图书在版编目（CIP）数据

选准赛道再奔跑 / 七芊著 .-- 北京：中信出版社，2019.6（2019.7重印）
ISBN 978-7-5217-0594-2

Ⅰ. ①选… Ⅱ. ①七… Ⅲ. ①成功心理－通俗读物 Ⅳ. ① B848.4-49

中国版本图书馆 CIP 数据核字（2019）第 093538 号

选准赛道再奔跑

著　　者：七　芊
出版发行：中信出版集团股份有限公司
（北京市朝阳区惠新东街甲 4 号富盛大厦 2 座　邮编　100029）
承 印 者：北京诚信伟业印刷有限公司

开　　本：787mm × 1092mm　1/32　　印　　张：8　　字　　数：187 千字
版　　次：2019 年 6 月第 1 版　　印　　次：2019 年 7 月第 2 次印刷
广告经营许可证：京朝工商广字第 8087 号
书　　号：ISBN 978-7-5217-0594-2
定　　价：49.00 元

推荐序

年轻人该有的职业心态：肆意而活

张思宏

我认识七芊始于她对我进行的一次采访。

在采访中，她问起我如何看待当下年轻人的困惑。

当时，我认为让年轻人困惑的问题其实很简单，但又不得不承认很多年轻人确实因为如此简单的问题而深陷其中。

不少年轻人偏执地想要做自己喜欢的工作，经常纠结于要不要放弃眼下的工作去选择更好的机会。这种想法无可厚非，但是这个问题该怎么解答呢？

我年轻的时候也是很爱折腾的。一开始，我是不情愿参加工作的，但是碰巧赶上麦当劳的招聘，所以就在麦当劳闷头待了三年多，也一样经历了各种职场问题，感到压抑和不适应。工作三年之后，我果断选择离职创业。

当时我的创业方向是西式快餐。获得投资之后，我和一个年纪大的老板一起做这个创业项目。但是，后来因为代沟和老板理念不合，以及我想要在年轻时拥有更高层次的职业体验，所以我在创业三年后，又一次放弃了。

选准赛道再奔跑

人在年轻的时候从事一份职业，有多少是出于对这个行业、对这份工作的热爱呢？大多数人看到的是做这份工作的人的良好的精神面貌和思维方式，就去追逐了。于是20世纪90年代初的职业经理人是很光鲜的。我当时就想做职业经理人，所以我选择放弃创业，去了可口可乐公司。

关于选择什么样的工作，我的标准出奇地简单：想过什么样的生活，成为什么样的人，就从事什么样的工作。

年轻人总是害怕自己会一辈子过着千篇一律的生活。关于这个问题，我的看法是：没你想得那么夸张。

我在可口可乐公司从职员到成为一名高管，没用很长时间，也就四五年吧。后来我担任过戴尔、亚马逊的高管，就这样一路走了过来。

“我们年轻人的确会把实现梦想的时间想象得很长很长，比如10年、20年。其实普通人的梦想没有那么难实现，也不必非得卧薪尝胆。所以不要因为看不到希望就草草放弃。坚持做，认真做，你就会离梦想越来越近。”在访问期间，七芊也跟我分享了她关于这个问题的看法，我很认同。

所以，与其把大把的时间放在犹豫不决上，不如给自己四五年的时间努力一把，做做看。

年轻人真正的痛苦源于有目标却不知道如何实现。所以年轻人更需要不断地摸索，不断地去试验，总能够找出一条好的路，因为人生没有标准答案。

人在年轻的时候，一定要保持开放的心态，从容不迫。保持开放的心态就是有机会要随时抓住。拿我来讲，我现在是一名自由职业者，四处讲课，开发培训课程，但是，如果有更好的公司需要我，那么我不排斥重新回去上班这种选择。所以年轻人也是一样，不要排斥新的机会，不要给自己下定义，不要只选一条路。对任何机会都保持一个开放的心态，才能够接触到更多的机会，才能够看到更广阔的世界。

我很喜欢七芊关于职业选择的理念，这很符合年轻人的思路。本书中的很多关于系统决策的方法论，让我印象深刻。比如，同时爆发的问题都有相关性，我们要集中力量先解决其中一个可以解决的问题。

年轻职场人在思维混乱、迷茫挣扎时，不妨看看别人在怎么做。

写职场文章的年轻人不多，写职场文章的年轻职场女性更是少数。所以我非常欣赏七芊，而她的努力更让人敬佩。

自　序

这是我的第二本书，我把它定位为“选择力”系列的开篇之作，很高兴编辑通过多次精心的打磨，最终把名字敲定为《选准赛道再奔跑》，很符合我对整个职业发展框架的理解。

这个世界上有千千万万个高速发展的行业，纵有千千万万条道路，但适合你的路只有一条。学会选择，坚持在一条路上跑下去才是真正的职场制胜之道。

在写这本书之前，我经历了独自创办公司的过程。2017 年 5 月，我离开了上一家公司爱奇艺，然后出书并在全国签售。2018 年，我注册了北京选择力科技有限公司。

对于完全没有创业经验也没有读过商科的自己而言，很多东西都需要从零开始学起——商业逻辑、商业模式、市场份额、团队建设、财务报表、创业融资等，还要在预期目标和现实之间的差距面前坚定自己的信念。

在多重压力的作用下，我骤胖 30 斤。从一个“美女作家”变成了一个“胖女作家”。人们很容易看到一个人变胖，但是看不到变胖背后的无助。公司目标摆在那里，理想和现实之间的拉据战背后是无数个失眠的夜晚。过度用脑、饮食不调、作息不规律……我饱受焦虑的折磨，却找不到更好的解压方式。

在做选择力这个职场品牌的过程中，我曾经因为现金流出现问题而被迫放弃，解散员工，好几次亲耳听到别人对自己的抱怨，还曾经因为交不起公司的租金而四处借钱。

那段时间，我像极了笼子里的一只困兽，任凭如何努力，都无法冲破那层碰得到却看不见的壁垒。

所幸，我后来从那段低谷期走出，瘦身到 100 斤，并重新组建团队，成功步入正轨，而这一过程花了一年的时间。

在这一年里有三件里程碑式的事情，给了我决定性的转变，也为我写这本书提供了丰富的素材。

第一件是一位朋友的创业故事。

在那段低谷期，我遇到了一位朋友，他向我讲了他创业的故事。

他在毕业的时候组织一帮大学同学，帮助一家公司做计算机程序外包项目，赚了 100 万元。之后，他迅速将这 100 万元投入自己公司的运营之中，使得公司规模一度达到了 200 人。从上一家公司成功退出之后，他投身于现在的创业项目，很快拿到了千万元融资，公司的规模也迅速发展。

他的一句话很触动我：推倒重来，不断重来，这才是有意思的活法。

当时这件事让我从公司经营不善，后悔从大企业离职的负面精神状态中彻底调整过来。是的，不断推倒重来，才是真正有趣的人生。如果一个人只做重复熟练的工作，余生都是现在的影子，那才是无趣的人生。所有的事情都是做出来的，就看你选择做还是不做，以及如何做。

选择很重要，但如果把时间浪费在选项上，反复纠结于选择问题，而没有在最该做的事情上下功夫，这是对于自身的一种消耗。

人生最重要的是不断经历新的挑战，不断从一盘散沙的状态聚沙成塔。和他对话之后，我全力投入到如何把一件事从 0 到 1 做起来，很快，不到 4 个月的时间，公司人员重组，业务重构，赢得了第一个 200 万元。

第二件是做社群咨询这款训练营产品。

社群咨询就是利用技术手段和专业化的咨询数据库，帮助迷茫的职场人在 7 天之内准确定位自己唯一的职业方向。在这个过程中，我们的工作人员倾听了职场人各种各样的问题，获得了职场人反馈的大量数据，并基于此发现大部分人的问题都是行动力不足、信息支持不够。职场人所获得的职业信息其实根本不足以支持他们做出有效的职业决策。大部分人错误地判断了自己的不足之处，以致提升方法不得当，浪费了时间。

其实职场人需要的不过是通过面试获得反馈以及获取准确的信息渠道。仅仅是这样的小动作，坚持 7 天的时间，也可以有效地帮助职场人做出精准的职业决策。

除此之外，他们的行动力不足。这些人总是觉得自己做某些事在短期内如果没有结果，就会一直没有结果，这就是无视客观规律的表现。量变一定会引起质变，一直在某一件事情上付出的努力不会无疾而终，而他们失败的唯一原因就是质疑自己，以致放弃了努力。

所以，很多事情任凭你如何去想都是想不明白的，真正能够让你成功做出决策的只有信息和行动。只有在信息量足够大的时候，行动力足够强的时候，你在现实的行动中才能不断获得反馈，才有可能实现从量变到的飞跃质变。

当我发现大部分人都被信息和行动力的问题困扰时，我开始无惧挑战，我坚信量变能够引起质变，坚信信息差和强大的行动力能够让我们走出低谷。于是我开始让自己每个月见 30 个人，读 10 本书获取信息，养成良好的行为习惯，提升自己的工作效率。

第三件事是我读了桦泽紫苑的一本著作——《为什么精英都是时间控》。

这本书从神经科学的角度为我们讲述了人们遇到的很多问题都是身体机能问题，都是自身激素带来的变化。比如，如果你长时间熬夜，早晨起得很晚，那么体内的血清素会不足，这会造成整个人状态低迷，效率不高，专注力不够。而早晨迎着阳光快步走可以有效提升身体内血清素的含量。

读了这本书之后，我开始养成早睡早起的习惯，开始在方方面面调节身体机能，改善自身的状态，比如坚持每天健身三个小时。

这三件事让我意识到，自身强大的能量完全可以靠科学的方法激发出来，正确的决策思维、强大的行动力可以帮助我们冲破困境。

曾几何时，我是一个顽固的、倔强的，要面试 100 家公司找到最满意工作的人；也是每天只吃一个包子，以节省一切时间和精力用来找机会进入最好的公司的女孩。我那时候的想法是要看到所有的选项，都去尝试一下，然后选择一个最好的。

自　序

我在TEDx（由TED[①]于2019年推出的一个项目，旨在鼓励各地的TED粉丝自发组织TED风格的活动）演讲中，用自己的经历告诉90后、00后，最满意的工作一定存在，只要你坚持去找，一定能够实现自己想要的目标。

但是在这些经历之后，我又面临新的选择问题，难道还要再去经历100场面试才能做出更加精准的职业选择吗？

在经历不断赋能之下，我终于进入人生的下一个阶段。终于开始懂得原来人生没有那么多选项，也不需要那么多选项。

真正成功的人生就是学会用最短的时间选择，一旦选准，就坚持在一条赛道上一直跑下去，最终赢得比赛。

所以，我写了这本书。

在这本书里，我讲了非常多关于如何用最短的时间做决策的科学方法，以及如何聚沙成塔并最快找准自己的赛道，快速领跑的方法论。我希望这本书能够帮助到所有畏缩不前的职场人，让你们快速找到独属于自己的赛道，领跑职业人生！

① TED是Technology（技术）、Entertainment（娱乐）、Design（设计）的首字母缩写，它是美国的一家私有非营利性机构。——编者注

目　录

第一章

为什么别人飞速进步，你却站在原点？

第二章

犹豫不决是最大的浪费

第七章

一旦选择，不再选择

第一章

为什么别人飞速进步，你却站在原点？

怎样才能摆脱迷茫感?

有无迷茫感由思维方式决定，而非年龄。

毕业的时候，我曾经花了近半年的时间找工作。

当周围的同学纷纷决定了工作、留学或是在国内进修时，我还在找工作。

很多人以为，我是因为找不到工作所以才频繁参加面试的。其实，我早就拿到了微软、新东方等一些知名企业的录用通知。只不过我当时的想法是，跳脱所学的日语专业就业，转向互联网方向求职。然而，这个微小的愿望，却因为各种问题（如专业不对口）而没有实现。屡屡被拒，让我感到十分受挫。

22 岁的迷茫是站在北京街头毫无缘由地哭泣，是“为什么我不可以”的愤懑，是面对家人和朋友的不理解时懒得解释的无力感。

22 岁即将结束之际，凭借着绝不放弃的信念和精准的求职方法，我进入新浪微博（现更名为微博）工作。从新浪、搜狐到爱奇艺，三年内我就职于国内互联网泛娱乐行业顶尖的公司，从初入职场的“小白”升到高级公关经理。

25 岁的我原以为自己不会再迷茫，但是事实上，那时的我比 22 岁时更困惑。我终于站在行业的较高起点，拥有着比很多同龄人更宽广的视野，参与了普通职场人难能一见的项目，结识了行业顶尖的人脉资源，也获得了超出大部分同龄人的薪资。可是，我是谁？我是那个在通信录里名字后缀要加“爱奇艺”三个字的人；我是那个活动现场为别人鞍前马后却没被记住的人；我是那个仰望职场明星、前辈，非常想了解他们超前的思想，却没有资格开口和他们直接对话的人；我是被公司层级和标准化晋升路径一路规划着成长的人。

在与腾讯的一位员工聊到职业晋升的话题时，他说：“我的职级在腾讯处于T3~T4，离T4仅差两级（T3、T4之间有T3.1、T3.2、T3.3三个级别）。T4是专家级，享有出差时乘坐飞机头等舱、住五星级酒店的待遇。”

那一刻，祝福一笑的背后有些悲哀，我们似乎都活成了代号。一切仿佛《老夫子2001》中的场景再现，有人不停地在你耳边说：12138，你要努力，等你的业绩更好，成长为12139，你就可以去住更大的牢房，吃现在吃不到的鸡肉拌饭了。

在对职场进行思考之后，我开始在职业网站上、微信公众号里，把自己经历的、想过的全部的职场问题写下来，以职场作家的身份创作，同时对精英人士进行专访，试图看清更多职场问题。

职场作家这一身份，为我的人生带来了很大的转机。我接触到很多拥有职业困惑的读者，在25岁的时候听到了很多比我年长几岁、十几岁甚至几十岁的职场精英的心声。

一位曾经在搜狐做到总监级别的读者对我说：“我很想离职，可是我的职级有些尴尬。第一，公司的总监级别岗位本身就很少。现在互联网公司的领导层趋于年轻化，一不小心就可能被淘汰，自己的压力实在太大。第二，我很想进头条系公司，可是当它们不对外招聘高管时，我该怎么进去呢？当前经济形势不好，创业公司的发展又不稳定，我去了之后如果公司因为经营不善而倒闭，不是浪费时间吗？”

另一位在华为工作了10年的高级财务经理对我讲：“我不想继续做税务工作，可是对于我这个级别的人来说，别人推荐的工作都与税务相关，没有人为我提供其他类型的工作。我真的很想做事务所的合伙人，可是没有人邀请我做合伙人。我已经34岁了，再不拼一把，就真的没有机会了。可是怎么拼呢？”

这些来自比我更为年长的读者的困惑让我逐渐意识到：职场迷茫和年龄没有多大关系，它更多地来自不恰当的思维方式。用公式总结就是：

迷茫＝天马行空的想象＋对未知结果的恐惧

高晓松笑称，三十而立，四十不惑，不是说你到了40岁接触的东西多了，什么东西都明白了，而是说你以前不明白的东西，现在不想再追究了，不懂就不懂。

但是，没有几个人可以做到如此洒脱，任由自己不明白。如果人们没有正确的解决问题的思维方式，问题会一直存在。什么才是最有效的消除迷茫感的思维方式呢？

答案是聚焦。

掌握聚焦思维的方法，可以帮助人们在漫无边际的想象和对未知的恐惧之中，迅速找到方向，最大限度地减少负面情绪和复杂思绪对时间和精力的消耗。

在不长却丰富的职场“生涯”中，我曾面临过很多抉择时刻，也曾经深深陷入不知何去何从的迷茫之中，就是靠着聚焦思维的方法走出了困境。我也曾利用这个方法，帮助上千位读者成功地走出他们的思维困境。

想拥有聚焦思维，你需要掌握以下三个技巧。

■ 当多个问题同时爆发时，集中力量解决其中的某一个问题。

很多职场书籍、职场达人都提倡划分优先级。在解决问题的时候分清楚优先级固然有一定作用，但他们忽视了情绪因素的干扰。如果真的焦虑到一定程度，人们往往无法冷静下来列出优先级。在缺乏列出优先级的标准和思路时，把时间浪费在划分优先级上，反而让他们变得更加焦虑。因此，不如把同时爆发的问题都列出来，然后先专注解决其中的某个问题。当该问题被解决的时候，你至少可以在待办事项中将它划去。

2016 年，我从搜狐视频裸辞，准备进入另一家向往的互联网视频公司。在裸辞阶段，个人经济问题、职业方向问题、未知的录取问题都深深困扰着我。我感觉自己仿佛在一条无尽的黑暗隧道里独自行走，看不到一丝光亮，也不知道什么时候才能走出这条隧道。不过，我很快意识到，如果自己为了暂时解决经济问题而草率地选择一份工作，那么这个职业选择不仅欠缺考虑，还会在将来给自己带来更大的困扰。

百度糯米前运营总监李明轩曾经说过，一个人做选择的初衷决定了事情的结果。

如果你的初衷不是进入一家理想的公司，以及在自己热爱和喜欢的领域寻求发展，而仅仅是为了得到帮你渡过难关的一个月薪水，那么这份职业除了一个月薪水，几乎给不了你其他方面的满足感，你很快又会陷入对它的不满之中。

实际上，很多人之所以面临职业问题，都是因为把自己困在了这样一个循环中：穷—盲目决策—产生职业疲倦—盲目辞职—穷。如此反复且意义不大的折腾过程，导致择业者浪费了大量宝贵的时间。

想到这里，我把自己当时面对的所有问题写了下来，然后发现经济问题是干扰我进行决策的最大问题。所以，我决定暂时放下找工作这件事，优先解决个人的经济问题。当时，互联网在线教育刚刚兴起。我通过一位朋友与插坐学院取得了联系，并有幸以职场作家的身份在这个平台上提供了十几节关于如何进行人物访谈的课程。作为回报，我得到了 2 万元的课程费用。这笔费用解决了我一段时间内的经济问题。然后，我开始认真研究找工作的问题，一边对比各个公司的业务线，寻求适合自己的岗位，一边寻找渠道帮自己内推。幸运地，在不到两个月的时间里，我顺利进入爱奇艺工作。

我很喜欢李开复老师在接受钛媒体的访谈时说的一句话：创业实际上还是要靠人，是不是一个执行力很强的人，是不是一个能够专注地把一件事情彻底解决了再做下一件事的人，至关重要。

在通常情况下，同时爆发的问题，是没有办法在同一时间全部得到解决的，但是这些问题往往具有相关性，解决了其中一个，其他的便会迎刃而解。

■ 聚焦在一件当下可以做的事情上，坚持至少一个月，到时候你就会有意外收获。

人们在饱受焦虑折磨的时候，恰恰是最容易丧失专注力的时候。专注力是解决问题的重要帮手，没有任何一个问题可以在人们丧失专注力的前提下得到良好的解决。那么，到底是什么让人们丧失了专注力呢？

答案是迎合意识。

丹尼尔·戈尔曼在《专注：让你不再分心、成就卓越的力量》一书中写道，科学家在研究人类大脑后发现，冠军选手如果在比赛的时候思考技术问题，往往会功败垂成，顶级球员带球过人的时候如果有意识地注意是哪一只脚在控球，那么错误就会增多。一旦他们表现出迎合意识，便会造成专注力的极大丧失，最终失败率大大提高。“怎样做才是正确的”这样的思维正在激发我们的迎合意识，引导我们走向失败。最终的结果是人们通过行动创造出来的，而非单纯地由人们是否选择了迎合结果而决定的。

我有一位读者曾经任职于58同城。她自离职之后，大约过了两年随性而为的生活。在这期间，她也断断续续地参加过几次工作面试，但每次都觉得应聘的公司不适合自己。她对我说：“我感觉自己已经浪费了两年的时间，很担心如果再次选择错误，又要浪费自己的时间。”在我看来，这样的思维才是浪费时间的根源。

我劝她短期内先把找工作放在一边，从一件小事开始做起，比如每天写一篇文章或学习运营技能。她听了我的建议，每天拿出4个小时学习与运营相关的课程，并把运营知识应用在运营自己的公众号上，同时每天写一篇文章。在她坚持了 60 天之后，她的公众号增加了 3 万粉丝，其头条广告报价为 3 000 元。后来她写的一篇关于教育领域的分析文章，被国内一家知名教育公司——作业帮发现，她也因此入职该公司并成为一名运营人员。

她坚持的这 60 天不足她之前焦虑的 600 多天的 1/10。如果她早日意识到正确的结果并不完全来源于选择，而把时间用在坚持做一件小事情上，那么就不会白白浪费两年的时间。如果你聚焦在一件当下能够做到的小事上，然后坚持相当长一段时间，那么这件事也许可以成为你未来的发展方向和值得深耕的领域。

■ **积极与他人合作，聚焦最给力的那个人。**

在参加一档电视节目“一刻 talks”的新年访谈时，主持人问我：如果给 10 年前的自己一个建议，你会说什么？我的建议是尽可能多地与人合作。

大公司极为看重效率，往往越少人参与一项工作，其流程越简单，效率越高。过去，我在遇到问题时，总是习惯于封闭自己，寄希望于自己把所有事情想明白，不懂得向同行求助，却没有发现自己在与人合作方面存在不足。然而，我在创办第一家公司的时候恍然大悟：原来很多问题是无法只凭借我个人的眼界、资源和能力得到解决的。就算我拼尽全力，一天也只有 24 个小时，所以我需要借助他人的力量。也就是说，如何在纷繁的想法和选择里聚焦，很大程度上取决于你遇到什么人，和谁合作以及做成了哪些事情。

我最初的尝试是创建一家新媒体矩阵类型的 MCN（多频道网络产品形态）公司，可是投入了一段时间之后，资金链出现问题，导致公司入不敷出，最终项目失败，员工解散。我也因此负债累累，每天被招商银行信用卡中心催债，不敢接电话。即便如此，我当时仍然非常不服气：为什么别人能够成功运营一家公司，自己却没有成功呢？痛定思痛，我意识到失败的根源在于自己没有强有力的合伙人。

爱奇艺之所以能够在中国视频网站格局已经确定的情况下，撕开市场缺口，迅速占据行业领先的位置，就在于它有合作伙伴同时也是投资方的百度的支持。正是因为第一步的成功，才有了后续的很多次成功。一个人想做成任何一件事，光靠自己的能力往往不够，还要有强有力的伙伴。于是，我开始调整策略，转而争取与他人合作，不断摸索市场。在争取到一位拥有企业客户资源的朋友的支持后，我们尝试运营一站式营销项目。该项目很快在市场上引起反响，我们因此收获了第一批客户。同样，在争取到另一位知名的课程平台创始人的支持后，我们又开始新的尝试并很快在课程销售方面获得了大批流量，成果喜人。

当然，在这之前，我们做过无效的努力，尝试过很多次收效甚微的合作，九牛一毛才有幸遇到了两位优秀的合作伙伴。值得注意的是，如果想要找到合适的合作伙伴，那么你要把自己正在做的事情标签化，让别人知道你在做什么，这样才能够吸引到合适的机会。

微信创始人张小龙曾经说过：先有一个目标，然后尝试所有实现这个目标的方法，找到所有能够帮助你的人，积极合作，直到成功为止。在这个过程中，你会发现，一个人最大的失策就是放弃尝试。这段话给我启发，让我受益匪浅。

一个人是否会产生迷茫不取决于其其年龄大小，而取决于思维方式是否正确。掌握上述三个简单易行的建立聚焦思维的方法，你就可以在一团乱麻的工作和生活中，迅速找准方向。

选择前先理解选项

一位网易的编辑好友曾经深夜造访我家，向我哭诉她的职业问题。她在网易工作了很多年，早已经不了解外面的公司发展情况，她既恐慌又害怕，想要变动工作却又不知道应该选择什么样的公司。她一直从事新媒体运营工作，但是从来没有写过一篇阅读量超过10万的文章。互联网时代，流量为王。她感觉自己虽然在网易工作了很多年，却没有取得实质的技能提升。当她参加一些创业公司的面试时，面试官问她完成过哪些作品，做过哪些项目，她却回答不出来，也表现得非常没有自信。

她跟我讲："我是不是应该去一家小型创业公司锻炼一下呢？还是应该去和网易同样规模的大公司，换个环境继续工作？我在文案创作领域没有建树，连一篇阅读量超过10万的文章都没有写过，我是不是该转型做视频内容或其他事情呢？某位职业导师曾明确地告诉我应该去一家小公司锻炼锻炼，你觉得她说得对吗？我到底该如何选择啊？"

说完上面一系列问题之后，她继续愁眉苦脸，陷入沉思。其实早在一年前，她问过我一模一样的问题。可见一年之后，这些问题仍然没有得到真正意义上的解决。不忍心看她焦虑的样子，我帮她仔细分析了一番。

人们在面临选择的时候有不同的思维方式，而习惯性思维就是把选择当成一次静态的决定——在 A 和 B 两个选项中，一定要先选择一个，再沿着选择的方向努力。这样的思维定式把人们限制在做决定之前的环节，相当浪费时间。在现实中，A 和 B 两个选项之间的边界往往是模糊不清的，比如大公司和小公司的选择问题。无论是选大公司还是小公司，都包含了无数具体的决策因素。大、小公司的选择之所以很难，就是因为它是一个泛泛的问题，而不是一个有具体选项的问题。

优选的前提是选项足够具体。只有这样，人们才能够准确地做出决定。这个道理类似于问一个人想吃水果还是蔬菜。对于这个问题，一个人很难做出明确选择，因为选项不够具体。水果是一个大的分类，蔬菜也是大的分类，无论挑哪一个，里面都会有他不喜欢的选项。但是，换一种思路，如果问一个人想吃苹果还是想吃芹菜，那么对方的回答一定非常明确。

选择是一个搜集和分析信息的动态过程，而非只是决定的瞬间。通过对选项信息的搜集，人们在一个泛泛的问题下罗列出具体的选项，然后才能精准地做决策。

想要做好选择，就要把一个泛泛的问题变成多个具体且可选的选项，而做到这一点，就必须拥有拆分思维。如何能够细致地拆分一个问题呢？我们可以尝试 WBS 分解法则——任务（Work）、分解（Breakdown）、结构（Structure）。这个法则的原理是将主体目标逐步细化分解，直到看清问题的本质，找到关键选项。

任务：提炼主体目标的核心属性，分解同类任务。

这位网易的编辑朋友的问题是到底去创业公司还是互联网公司工作。考虑公司属性时，你可以了解到创业公司大多是小公司，而互联网公司中有很多成熟的大公司。那么这个问题由原来的“去创业公司还是去互联网公司锻炼一下”转变为“我到底应该去大公司还是去小公司”。通过提炼不同选项的共同属性，你能够更准确地找到问题的本质。

分解：应用自上而下原则，把泛泛的问题拆分成具体的选项，拆分到不能再拆分为止。

这一步的关键点是把复杂的问题逐步拆解为我们当下可以做的步骤。唯一的检测标准就是把问题拆分到不能再拆分为止。所以，我们可以对去大公司还是去小公司这个问题进行如下拆解。

拆解 1：如果选择去大公司，我到底要去哪家公司？如果去小公司，我到底要去哪家公司？

拆解 2：假设要去大公司，我要选择一个什么行业、什么领域、什么类型的大公司？

拆解 3：在这样的公司里，我倾向于哪一条业务线和哪一个具体的岗位？

同理，拆解去小公司面临的问题时可以参照拆解 2 和拆解 3 两个步骤。

每个问题的拆解都需要你付出行动去搜集相关的职业信息（包括岗位信息和公司信息等），从而支持自己的决策。经过这三个拆解步骤，最后你会得到一个十分具体的选项。

如果你选择去互联网行业资讯领域的平台类型大公司，那么你可以考虑腾讯新闻频道的市场运营专员岗位。如果你选择去互联网行业教育领域的平台类型小公司，类似得到（知识服务应用软件）的新媒体运营岗位是不错的选择。

这时候，到底去互联网公司还是创业公司的问题，就变成两个更为具体的选项——腾讯新闻频道的市场运营专员岗位和得到的新媒体运营岗位。很显然，问题就变得易于解答了。你可以通过对比一些具体的指标（如资源、业务发展趋势、晋升空间、薪资标准等）轻松进行判定。

结构：确定好搜集信息的具体步骤，按部就班地执行，同时避免情绪干扰。

拆分环节里涉及必要的信息搜集工作。比如，“假设要去大公司，我要去一个什么行业、什么领域、什么类型的大公司？”这个问题需要你浏览职业招聘网站和微信招聘公众号以及企业官网等，并查询招聘岗位的信息。

如果你毫无章法地搜集信息，通过无效的渠道投递简历，那么你会经常感到焦虑，进而逃避问题——这是一种浪费时间的表现。所以，你需要确定一个具体的执行步骤以确保效率，比如你可以把搜集信息的渠道限制为招聘网站、公司官网、猎头公司和相关的职场人士。那么你的执行步骤就可以量化成每天看三个不同的招聘网站，找两个该领域的人了解情况，然后确定一个循环的周期，比如每隔几天再次浏览同一个招聘网站。

任何事情的成功都是由量变引起质变的结果，在执行层面保证有条不紊地获得所需信息，是获得成功的关键之举。

对于网易的这位编辑，以及无数和她一样被一系列泛泛的职业问题困扰的读者来说，如果想要彻底摆脱迷茫和焦虑，必须改变自己的思维方式。在选择之前，你要尽可能地拆解问题，并且在拆解的过程中搜集支持决策的重要信息。随着信息量的增加和行动力的提升，你终将找到具体而准确的答案。

专注的力量

在信息爆炸的社会，成年人最缺的是什么？是专注力，即专注在一件事情上的能力。

Netflix（奈飞公司）的 CEO（首席执行官）里德·哈斯廷斯曾在员工大会上说：很多人都在讲我们的对手是 Facebook（脸谱网）、Twitter（推特）、Instagram（照片墙），因为这些社交软件在和我们争抢用户的时间，但其实，我们真正的对手是人类的睡眠。软件方希望争抢更多用户的时间来实现盈利，这变相地反映出人们的时间正在被有预谋地分散。

我相信有很多人已经在自己的生活和工作中出现了以下专注力丧失的症状：

不做最关键的事情，而在与之相关的简单事情上过分投入精力。

拖延做事的时间，直到不能再拖延为止。

救火思维（因为拖延引发其他问题，解决紧急但不重要的事）。

陷入自责愧疚的状态，继续恶性循环。

我曾是一名注意力分散症“患者”——做事情时总是想得很多、很复杂，导致执行力不佳，没有把有限的时间用在最重要的事情上，最终事倍功半。比如，在写书的过程中，我明知道截稿日期摆在那里，但是每天在写书之前还是想“算了，先收拾一下办公桌吧”；然后看到办公桌上有一些待处理的文件，“算了，先处理一下吧”；刚准备动笔又发现公司有一些问题还没有解决好，又急着去处理那些紧急可是不重要的事情，最终拖延了书稿完成的进度。当编辑催稿的时候，我又因为没能及时交稿一度陷入自责的泥沼。如果我从一开始就专注于写书这一件事，那么一个月或许就可以完成初稿。

不知多少人的生活都是在周而复始地上演这一幕幕，所以才让自己陷入迷茫之中。成功的反义词往往不是失败，而是平庸，专注力的缺失恰恰是平庸的源头。既不在正确的事情上努力，又没有持之以恒的毅力，这使得很多人虽然努力多年，但是他们的事业和生活依然不见起色。

如何才能提升我们的专注力，让自己专注于重要的事情呢？我尝试过很多方法，最终总结出最好用的四个技巧。

■ 掌握 80/20 定律，即集中精力在最重要的 20% 的事情上，剩下 80% 靠合作来完成。

人们在日常生活中所做的 80% 的事情几乎都是铺垫，而最重要的内容只占据 20%。但是，为什么人们会纠结于那 80% 呢？答案是要么出于道德，要么出于习惯。总而言之，这么做的背后也许有更强大的心理动机。

如果想要尽快做出成果，那么我们必须搞清楚在做的所有事情里，最重要的 20% 到底是什么。你可以尝试一下这样的方法：拿出一支笔、一张纸，写下你工作时最常做的 10 件事情，选出其中 3 件你认为最有价值的事情，再从这 3 件事中选择其中最为重要的一件。在接下来的一个月里，你应该投入大量的时间做这一件事，其他的事情可以授权或者分配给别人去做，或者用更少的时间去做。坚持每天做这件最重要的事，你在一个月之后将会有非常显著的进步。

知名视频账号二更的联合创始人张文广老师在向我讲述二更的发展史时说，在流量竞争非常激烈的时代，他们尝试了很多种方法来获取更多的流量，以求提升二更整体的品牌影响力。最终，他们发现腾讯广点通（现更名为腾讯社交广告平台）的宣传效果非常好，所以第一时间把广告投放在广点通上。果不其然，二更迅速获得了大量流量。之后他们不断投放，就这样，二更在第二年实现了 10 倍多的流量增长。由此可见，集中精力在 20% 最重要的事情上，往往可以事半功倍。

对于普通职场人来说，最为重要的两个问题是：最重要的 20% 到底是什么？怎么处理 80% 的琐碎工作？

想知道最重要的 20% 是什么，除了需要自己判断之外，还可以借助外界的力量，比如你可以问问上司对你的工作的核心期待是什么，问问同行对于行业标准的理解，避免因为自己理解错误而把精力放在了自认为很重要但事实上没那么重要的地方。

至于如何处理 80% 的琐碎工作，一定离不开合作。如果你想摆脱这 80% 对你的束缚就必须培养新人，而且是能够代替你完成这部分工作的人。这一定离不开教练模式。一个好的教练模式是你先演示给队员看，然后队员模仿，之后你再有针对性地修正他们的错误，再继续演示，队员继续模仿。在初步掌握技能后，队员要自己进行练习，争取做到触类旁通。

这个过程需要教练付出时间和耐心。还有一点需要注意——尽量不要批评技能不熟练的队员，而要善于发现他们的优点并给予鼓励，因为强化有效的行为比批评的教育效果好得多。

不合理的批评会挫伤队员的自尊心，导致他们形成逆反心理，还会离间人与人之间的关系。最糟糕的结果是，队员在掌握技能后，由于受到不合理的批评而投身他家。这样一来，那 80% 的工作又没有人来分担了。

■ 掌握积极的思维方式，了解消极行为背后的心理动机。

每个消极行为的背后都存在一定的心理动机。

我的一位读者朋友频繁跳槽，既不是因为他能力欠佳，也不是因为网络上盛传的95后浮躁的心态。与他交谈之后，我发现驱使他这么做的心理动机是自我期待。他更希望自己成为一位有话语权的领导者，而不是停留在执行层面任劳任怨，因为在他看来，那是浪费自己的才华。然而，他寻求主导地位和安全感的方式是消极的，一旦发现工作不适合自己，就迅速辞职换下一家。

如果可以意识到自己消极行为背后的心理动机，肯定这一动机的存在，那么就可以采取积极的思维方式达到预期的目的和效果。比如，既然他希望成为拥有话语权的领导者，那么他就可以考虑类似于博主和KOL（关键意见领袖）的工作，也可以寻找类似于活动策划这种既掌控资源又需要社交的工作。

放弃随便找工作的心态，认真对工作的种类进行区分，并在其中找到自己感兴趣的方向，就能极大地避免频繁跳槽的情况，尤其是不停地换工作造成的不安。

找准支撑自己工作的心理动机，选择更为积极的思维方式代替消极的行为，很多问题就会迎刃而解。

■ **避免过多的承诺，给予自己足够的思考时间。**

专注力不够的人往往是过于热情的人。这些人在现实生活中大多很讲义气，然而他们的问题也是多方面的，其中最大的问题就是容易做出承诺。那些给别人过多承诺的人，往往会深陷困惑的泥潭。由于热情开朗或忠厚朴实的性格，他们不得不花很多时间在一些被道德绑架的业务上，最终自己的注意力被分散，没有足够的精力创造属于自己的成就。这也是“老好人”往往很难实现突破和取得重大成就的原因。

一位就职于腾讯视频的好友，在其早年创业的时候做了一个直播平台，并且拉了很多网络红人（以下简称“网红”）入驻，可是后来平台倒闭了。这不仅导致他自己的公司亏损，这些网红到头来也白忙活一场。他非常自责，决定借钱弥补网红们的损失，一度把自己搞得非常贫穷、疲惫。在他的故事中，他的问题就是给别人太多承诺，承担了太多不必要的责任。商业合作应该是双方基于各自的利益和优势自愿达成共赢的模式，损失和风险也是一部分。商业合作一旦基于人情而达成，很多事情就变得复杂且令人难过。你既然承载了别人的期待，就变相地给自己增加了道德束缚。少对别人做出不必要的承诺，是提升专注力的前提之一。

想要破除对他人勤于承诺的坏习惯，大家可以尝试延长回应的方法——不要立刻回应，给自己至少一天的时间去思考，再给出答复。即便你面对的可能是非常好的项目或者机会，也不要立刻回复。你必须仔细确认做一件事所要付出的代价在不在自己的承受范围内，才能决定是否向对方做出承诺。

■ 专注于已经奏效的事情，构建持续有效的行为系统。

专注于已经奏效的事情是一种非常高效的行为模式。

在过去几年里，你曾经做过哪些让自己感到骄傲的事情？读到这里的时候，你可以把这些事情写下来。做这些事情时你使用了哪些方法？促使你成功的核心要素到底是什么？把这些方法总结出来，然后把已经被证明有效的方法付诸实践。慢慢地，你可以创建一个高效的做事流程，继而构建一个能够长期坚持的系统方法。

以减肥这件事为例，我在 2018 年成功减重 12 斤。在这个过程中，我构建的一个可持续的行为系统发挥了很大作用。

第一步，先确定自己的瘦身目标：减重 12 斤。第二步，尝试一切科学变瘦的方法，比如运动和苹果食疗法等，并从中筛选出最适合自己的方法。对我来说，最有效的是每天 4 个蛋清、1 500 毫升水、4 个苹果的饮食疗法，外加每天健身 1 个小时。根据这套减肥方法，我制定出一个减肥日程表，比如每天几点要吃苹果，几点要运动，以及在坚持几天之后可以休息一天，或者坚持几天可以有一项自我奖励。正是因为有这样一个持续有效的行为系统，我最终得以成功瘦身。

对待工作和其他人生目标也是如此——先确定目标，然后尽可能地尝试所有可行的方法，挑选出其中最奏效的方法，坚持下去。一旦遇到瓶颈，你可以再去头脑风暴，选择新的方法，直至选到一种具有最佳效果的方法。

专注力是成年人解决问题时必需的品质。构建持续有效的行为系统是实现进步的基石。如果对实现目标没有 100% 的专注力，人们就容易陷入碌碌无为的状态。

真正的实力来自持之以恒

我先后就职于三家知名互联网公司——新浪、搜狐、爱奇艺。从职业晋升的角度来看，我的个人发展非常迅速。在工作了一年半左右之后，我以两倍薪水的条件受聘于搜狐视频，再之后成功进入当时发展势头迅猛的爱奇艺，并成功晋升为公关经理，带领小团队负责传播业务。

在工作第三年的时候，我完成了人生的第一本书并在全国签售。在之后的一段时间里，我创办了一家品牌战略公司，获得一笔可观的收入。2018 年，我创立了北京选择力科技有限公司，开启了创业之路。

从我的职业发展来看，最大的特点是有清晰的个人规划——3 年内进入本行业顶尖的公司工作，出书并进行全国签售；5 年内成为一家公司的合伙人，帮助公司实现至少 500 万元的利润以及成为一个领域内的知名职场作家。

这些年，我被问最多的问题是：你是怎么做到如此目标清晰的呢？在确定了目标之后，你怎么就能确保一定会实现呢？

关于这两个问题，我的答案是：持之以恒。这 4 个字看上去很平常，要真正做到却不容易。我认为，持之以恒更多地要求一个人长久地保持对目标的专一，并且拥有一个积极的心态。

在现实生活中，那些设立了目标最终却没能达成的人，那些缺乏规划意识、蹉跎岁月的人，往往不是因为自身不够优秀，而是因为没有掌握保持长久的热情的思维方法。

一位在外企担任了 7 年渠道经理的女读者想要转型，给我留言说："我每天都在思考转型的问题，每天都会鼓励自己。但是，一旦面对否定的意见或工作中出现困局，我就会立刻变得垂头丧气，不由得怀疑自己没有足够的能力解决问题，感慨自己因为思虑过多虚度了时光。"

到底怎样能够让自己常葆热情，避免一再掉入情绪陷阱呢？

■ 读励志书籍、看人物传记就行了吗?

我问过身边很多朋友，在遇到困难或者感到焦虑的时候，他们一般会怎么办。答案几乎全是看书，仿佛看一本好书就可以马上解决所有心态问题。

精英人士喜欢看人物传记，因为绝大多数名人都有传奇的经历、过人的思维。所以，通过借鉴名人调整自己的思维方式，有时候是突破困局最好的办法。

为什么说有时候呢？在一个人心平气和或闲来无事的时候，读书的效果也许非常好，也可以收获一定的启发。但是，当一个人处于焦虑、情绪异常低落的时候，他不一定读得下去。有的人因为读了一些不合适的书反而导致自己的负面情绪继续恶化。

读书是一个有助于放松大脑的方法，效果却因人而异。

■ 寻找一个职业偶像就行了吗?

到底要不要选择职业偶像是一个耐人寻味的问题。很多时候，我们看到的职业偶像难免有夸大宣传的效果。

比如，我曾经很想模仿一位知名的职业女性经营自己的公司。当我和投资人聊到自己的这一想法时，投资人对我讲："她虽然名声在外，但是她经营公司的模式并不完美，你一味地学她的话，不一定能取得成功。"

作为短期励志的方法，设定一个职业偶像或许非常有意义，也能让你重燃奋斗的热情。但是为了达到长期的励志效果，一定要根据自身的情况适时更换自己的职业偶像，学习新的方法，避免因为不知变通而不知不觉走上一条错误的路。

■ 自我鼓励就行了吗？

一些心理咨询师经常告诉自己的咨询者：每天对着镜子说自己是最棒的。然而，一些本来不是很自信的咨询者，每天不停地以这种方式鼓励自己，最终却变得自恋了。殊不知，过分沉迷于自我鼓励会减少一个人真正做事的时间，以致找不到做事的关键，误解成功的逻辑和自信的要义。自我鼓励还会使人格外珍惜好不容易积累起来的一点信心，更加不愿意接受来自外界的否定，更加沉湎于自己的小圈子。自我鼓励，只能在短时间内抵抗意志力的消耗，但是长期依赖自我鼓励容易让人脱离现实、脱离行动，增加患焦虑症的风险。

真正能够让人长久地保持热情的是什么？有没有一些被证明有效的方法？

■ 说出你在做的事情，找到志同道合的人，组成团队。也就是说，你必须意识到单打独斗很难取得成功。

人是群居动物，不管一个人在过去多么特立独行，一旦步入社会，他就会发现：世界并不完全像钟表一般运行，有些事情甚至看似没有规律可循。相较于这个世界，个体显得非常渺小。单靠自己实现个人成长，可想而知这会非常缓慢。

拿健身这件事来说，如果你一个人健身，很容易因为缺少动力或不能及时收到反馈而放弃。如果你有一起健身的伙伴互相鼓励、督促，你会更容易坚持下来。我在自己的会员群中讲过，如果你想尽快摆脱自己的负面情绪，最可行的方式就是找到志趣相投的人，加入一个团队，大家一起奔着目标努力。一个人很难只靠自我鼓励取得成功。只有在一个适合自己发展的人际环境和工作环境里，你才能更好地坚持自己的方向。

我在创立公司初期经常觉得非常孤独，不知道应该怎么做，甚至想放弃。后来，我有幸加入一些商业小组和社群，和一些正处于同样阶段的朋友共同探讨遇到的问题，这给了我很大帮助。比如，在融资的过程中，我和知名猎头公司星盟天下的 CEO 徐林谈论了自己的想法。对方表示非常支持，并为我引荐了多位知名投资机构的创始人——他们时常和我交流一些关于如何度过公司起步阶段的技巧和方法。来自团队的强力支持和帮助，让我最大程度地克服了恐惧，实现了在短期内只靠自己无法达到的积极效果。

■ 科学锻炼自己的意志力：适当地多摄入糖分，养成定时定量工作的习惯。

万维钢在《万万没想到：用理工科思维理解世界》这本书里写道，想要知道什么品质对成功最重要，科学的办法不是看名人传记，而是大规模地进行统计。一项关于成功因素的统计调查显示，自控所占比例最大。能管住自己，该上课的时候去上课，该写作业的时候写作业，这个品质就是学业成功的秘密。统计表明，想要预测一个学生的大学成绩，自控能力甚至是比智商测试结果和入学成绩更有效的指标。

自控需要意志力。意志力就像人的肌肉一样，人们每次使用意志力时都消耗能量，而且用多了就会感到疲惫。意志力是一种有限资源，一旦用在一个地方，就没有办法同时用在其他的地方。为什么一些总能按时完成工作的人不太注意自己的着装细节？他们的意志力一直放在工作上，对于其他方面，就很难再专注。

那么该如何提升意志力？科学的方法是适当地多摄入糖分。事实证明，人的意志力能量来源于血液中的葡萄糖。如果一个人体内血糖不足，那么他很难保持高度的自控能力。我的习惯是每天早晚喝一些含有微量元素、维生素或者糖类的饮品，以保证血液内的葡萄糖含量充足。

另外，提升意志力的方法还有定时定量地工作。比如，每天早上7:00~8:00学习商业英语。坚持一个月后，你会发现，不仅自己的英语水平得到明显的提升，学习效率也会大大提高。

如果你把这个方法复制到你的核心业务上，坚持每天定时、定量地开展业务，一个月之后，你对生活和工作的掌控感会增强。不管是技能的提升还是处理问题的效率的提高，都会让你产生巨大的成就感，刺激你进一步提升自己的意志力。

■ **尝试平常不会做的事情，锻炼反向思维。**

每个人所处的职业环境都有相对应的价值标准和评价体系。换句话说，每个人都会被自己的思维和眼界束缚。

我在豆瓣上看到一位来自城镇的读者对我的上一本书《你怎样过一天，就怎样过一生》给出如下评价："书中描述的很多方法都只适用于北上广这些大城市的白领。我承认自己眼界不足，但是我确实不认为这里面的方法有多好，有很多方法不适用于我们公务员体系，非常理想化。比如，书中说在公司工作时要积极地展示自己，没有人有义务挖掘你的才华。可是在我们这种体制里，如果你积极展示自己，且不说周围的同事觉得你显摆，那些莫名分配给你的工作都会让你头痛不已，你赚的钱却还是不变，白白受累。"

这位读者只看到了展示自己的坏处，看到了工作量的增加以及不变的工资。换个角度来说，上司分配更多的工作给他，也是看好他的工作能力的表现。虽然工资没有变，他却赢得了上司的心。一旦有好的机会，上司也会优先推荐他。而且，经过业务锤炼，他的能力也会得到提升。

经济学说价值决定价格。当你的能力提升了，你能创造的价值更大了，获得的回报也一定不会减少，就算工资不涨，额外赚钱的机会也会增多。可见，人们如果不去做一些从未尝试过的事情，就无法突破固有思维对自己的束缚。

《斯坦福极简经济学》也写道，人们可以挑战自己，一个月集中几天去做一些平时不会去做的事情。如果你平时习惯使用右手，就尝试用一用左手。如果你习惯否定，就尝试着理解和欣赏一些你之前不能理解的事情。你会发现，很多问题都有了新的思路，人生新格局就此打开。

三分钟热度是很多人失败的原因。传统的励志方法未必适合每一个人，所以我希望上述方法能够通过你的实践转变成更加适合你的方法。

正确的选项不止一个，独立思考才是王道

人生最大的一种浪费，就是处在各种选择之间摇摆，一直下不定决心。

在现实生活中，太多人因为无法肯定自己的判断而深陷职业困局，无法取得突破。我的一位读者就职于东京中央银行，在其5年的职场生活里，多次想辞职回国工作，可是因为不确定自己是否能够适应国内的生活和工作节奏，迟迟没有回国。回国计划一拖就是三年，在这期间他还还患上了慢性抑郁症。这样的案例屡见不鲜。人们在做决策时之所以感觉困难，就在于不敢相信自己的选择是正确的。

我也曾经历过这样的时刻。在我经营北京选择力科技有限公司时，常常感到痛苦、不知所措，既不知道下一秒该如何前进，也不确定自己做某件事是否在浪费时间。直到读了一本书，我似有所悟：想30秒和想一年的结果是一样的，最重要的是在做出决策后按照这个决策把事情做对。在30秒内做出决策依赖的不完全是我们的直觉，更多地是我们多年以来形成的独立思考能力。如何才能有效地培养独立思考的能力，不被外界的诱惑和各种言论带偏呢？

下面，我为大家提供三个有助于培养独立思考能力的思维方式，我叫它“独立思考三原则”。

■ 独立思考第一原则：将一切判断建立在有效地搜集信息的基础之上，不对没有经历过的事情妄下结论。

一个决定是否正确，取决于信息搜集的广泛性和可信度。如果凡事只听信别人，自己不去考证，不去搜集信息，不去寻找做出判断的依据，你很难做出一个客观正确的选择。很多人因为受制于道听途说和臆想所带来的恐惧，而无法取得突破。

我在和一个环球女性公益组织——励媖中国的创始人陈玉馨女

士聊天的时候，她讲道，她在海外做了 10 年律师，之所以下定决心做律师是因为毕业后到秘鲁做志愿者的经历。谈及这些经历，让陈玉馨印象最深刻同时又最可悲的地方在于，那些真正需要帮助的穷人在拒绝外界的帮助。她说："当时我所在的非政府组织旨在免费帮助一些国家的贫民（尤其是脆弱的女性），传递给他们更多的科学知识，为他们提供生活上的帮助。即便如此，也很少有人能够真正地参与我们组织的免费学习活动。"

在即将离开秘鲁的时候，陈玉馨女士组织了一场告别活动，把曾经接受过救助的穷苦妇女聚集到海边，为她们展示了很多精美的风景图片，并且告诉她们，世界不止眼前这么大，每个人都可以去自己想去的地方，成为自己想成为的人。但是，这些穷苦的妇女一致认为自己一辈子也到不了这些地方，因为支付不起去这些地方的费用。

陈玉馨说："其实在我所展示的图片中，很多都是她们国家的景点，甚至距离她们居住的贫民窟不远。她们却认为自己永远都没有办法抵达那样的地方。在那之后，我觉得单方面的精神救助似乎很难改变人们的思维，相比之下，商业、法律更能够解决一些更为实际的问题，所以我选择回到英国，成为一名律师。"

在现实生活中，大多数人可能并没有过得那么捉襟见肘，但是在一些举棋不定、故步自封的时刻，我们与那些穷困又缺乏眼界的妇女无异，没有去了解真实的"风景"，只凭借自己的臆想就断定那些地方很"贵"并且我们终生无法企及，从而把自己限制在一个狭小的圈子里动弹不得。

比如，当你想离开家乡到大城市寻找更好的工作机会时，周围有人告诉你："那个城市的生活水平高，压力大，我身边的一个朋友在那边已经混了很多年还没有混出名堂。你去了又有什么用?"然后，你被说得有点动摇，生怕自己做错了选择，最终不得不放弃难能可贵的冲劲和梦想。在这个时刻，你就像秘鲁的海滩上的那些穷苦人，守着自己的贫民窟，而那些远在其他城市的工作就是对你而言昂贵的风景区。还没有去了解真相，你就已经打了退堂鼓。

独立思考的第一步，就是要打破总是被别人左右的思维方式，让自己成为一个不提前预设答案，把注意力放在搜集信息和了解真相上面的人，然后基于大量的信息做出自己的分析和判断。

我在参加多家公司面试的过程中，最大的感想就是不要只听一个人讲，而要通过各种渠道全面地搜集信息。比如，我会从公司员工、行业报告、招聘网站等渠道去了解一家公司，而这些调查渠道的信息量非常庞大，也非常有参考价值。

正是基于这样的调研，我从新浪跳槽的时候，才毫不犹豫地选择了搜狐视频。虽然当时外界对它褒贬不一，其公司业绩也显示它当时在互联网视频行业基本处于垫底地位，但是通过请教内部员工和行业内部的朋友，以及研究行业调研报告和公司招聘岗位信息，我得出了不一样的结论，并最终决定去这家公司。果不其然，进入搜狐视频之后，我不但遇到了非常好的上司和团队，而且赶上了很多对于互联网泛娱乐行业来说意义重大的现象级项目，比如《欢乐颂》。

独立思考来自对调研结果的分析和判断，不仅要求取样广、信息准，还要求一个人不随便对自己未曾调研过的事情抱以悲观的态度。这正是我们最应该做的一步。

■ **独立思考第二原则：利用你的理念或者技能所能创造的价值，找到合作伙伴。**

如果你想在众多不同的声音里坚定自己的路，就必须找到志同道合的伙伴，组成团队，互相支撑，一路同行。

我的一位读者在准备转行进入广州某金融行业，挑战产品经理一职工作时，由于过多地受到外界负面信息的影响，整个人变得迟疑不决。

很多金融从业者往往因为自己的工作体验给出一些夹带个人情绪的判断，比如“这个行业不行了，没有发展前途”“这个公司的环境确实太乱了，你不适合这里”“你没有金融相关背景，转行太难了，还是换个方向吧”。这些判断带有极强的主观色彩，算不上是精准的建议。如果一个人听多了这样的“建议”，就容易举棋不定。

我给这位读者的建议是：不要听信他们的话，从现在开始积极地学习金融产品的知识，最好加入一个大家可以共同学习、共同进步的团队。她听了我的建议，在荔枝微课找到一位专门讲授金融产品思维的老师，跟着学了一个月。据她说，一起听课的人建了一个网络社群，她也因此认识了很多志同道合的朋友。最终，因为表现极佳，她被老师推荐到一家知名的金融公司从事与信用卡服务相关的产品业务。

对她来说，参加社群学习、认识一群优秀的伙伴，更加坚定了她想要做一件事的信念。她说：“从加入他们的那一刻起，之前的心理负担就慢慢消失了。每天大家一起讨论金融问题，互相监督学习进度。很多人和我一样都在寻找产品经理的求职机会，还会共享信息，很多群友也为我介绍了工作。最后，我还是选择了老师介绍的这家公司。”

独立思考是对人性的一种考验。如果你总是身处不好的人际关系和不积极言论环境中，你便难以保持独立思考，而且可能因为外界的影响产生情绪偏激等问题。

互联网改变了教育，让精英教育得以广泛地传播。这时，如果你能够在网络上找到志同道合的伙伴组成团队，互相督促，共享信息，彼此成就，那么你会更加坚定自己的信念。

■ 独立思考第三原则：人生逻辑大于商业逻辑，相信自己的感受。

梁宁在“产品思维 30 讲”的课程中反复强调过人生逻辑的重要性。在介绍了很多互联网产品知识，特别是如何利用产品创造更大的价值、赢得商业竞争之后，她告诉大家：商业逻辑以利润为中心，人生以意义为中心。商业不是人生的全部，判断人生的价值并不只是看他一生赚了多少钱。做你内心确定要做的事情，因为人生逻辑大于商业逻辑。

我毕业于一所外国语大学，我们中的很多人都可以申请到不错的国外大学继续深造，在实习的时候也可以进入顶尖的外企。在那种氛围的熏陶之下，我自然而然地认为，只有那些家世背景优越、成绩优良、在国外深造过的人才是成功人士。

成功的人就该是那个样子的吗？我来到北京之后，在 2015 年采访了上百位创业公司的 CEO、见识到更多厉害的人，我才知道成功不只有一种样子。有的人出身普通，但是创办了估值上亿元的公司；有的人不拘小节，疏于装扮，却是国内顶尖影视作品的制片人。我们在校园环境里塑造出来的所谓“国际化精英范儿”并不是唯一的成功样子。

从那一刻开始，我意识到，作为一名职场作家，我不要成为刻板化的精英模样，我要成为我自己——有独特的风格和特点。我要利用我在工作中的所学所思，创造更大的价值。每一个人都应该如此，不被束缚、不设限。

如果你想实现独立思考，就需要意识到衡量成功的标准并不唯一。你不是非得模仿那些成功人士的做法，也不需要刻意地让自己成为和某个人一样的人。你最需要做的就是关注自己在做的事情，以及思考如何利用这件事创造出更大的价值。所以，你应该及时终止外界因素对你的束缚，用结果去证明自己的人生判断。

在独立思考的基础上，我们能够充分肯定自己的抉择，肯定自己的生活态度，最大限度地排除外界的干扰，成为一个真正意义上独立的人。每一个人都是一个独特的存在，你无法成为其他人。只有依靠独立思考塑造的自己，才是更好的自己。

不要陷入“缺钱”的穷人思维

“贫穷始于感觉贫穷”这句话其实暗示了人和贫穷之间的关系。在现实生活中，一些口口声声说自己是穷人的人可能收入并不低，甚至远超国家扶贫标准。他们只是受制于不正确的金钱观和消费观，感觉自己贫穷而已。

举一个例子。我在运营公司期间，曾经面试过一位之前在美团工作的姑娘，姑且叫她可可吧。可可出身农村，着装朴素，说着一口有浓郁口音的普通话，但最让我印象深刻的是她胆怯的眼神。在交流过程中，我甚至能够感受到她的自卑、犹豫不决和自我怀疑。在被问及工资情况的时候，可可说她之前的月薪是 15 000 元。我着实一惊——当时她刚工作一年，就她所在的岗位而言，这个工资水平确实非常不低。

她坦诚地说，自己一直不太认同销售岗位的工作价值，觉得即便每个月挣这些钱，自己仍然很穷。

我非常惊讶："可是你并不贫穷啊，每个月 15 000 元的收入即使在北京这样的大城市也可以维持不错的生活。"

她解释道："我在读大学的时候是贫困生，毕业后有一笔助学贷款要还，家里还有两个妹妹在读大学，定期也要给她们一些钱。"

"可是这一部分能有多少呢？"

"4 000 元吧。"

"你还能剩下多少？"

"每个月除去房租，还剩 5 000 元。"

"你已经比很多同龄人都要优秀了，有些和你年龄一样大的人可能还是'月光族'呢。余钱你都攒下来吗？没有考虑过用这些钱出国旅行开阔眼界，或者参加专业活动、购买专业书籍提升认知吗?”

她垂头丧气地说:“几乎没有。过去我家里很穷，所以我在钱这一方面没有安全感，能攒钱就攒钱。”

有的人身体虽然走出了大山，远离了贫穷，但是心一直没有“脱贫”。他们缺乏安全感，相比利用财富提升自己的眼界和认知水平，从而创造更多的财富，他们似乎更愿意将财富全部积攒起来，却总觉得还不够多。他们的内心依旧过着和过去一样贫穷的生活，没有幸福感，这就是穷人思维。

如果一个人总是被对贫穷的恐惧支配，他便很难有所成就。把注意力过度地集中在抱怨和恐惧上，寻求有效解决方法的行动力就会相应地下降，这让问题变得无解，恶性循环随之而生。

我没有录用可可，后来通过她的朋友圈了解到她换了几份工作，但她整个人仍然没有摆脱“觉得自己很穷”的思维。

如何能够拥有正确的金钱观，成为一个创造财富、吸引财富的人，并且毫无心理负担地享受财富带来的幸福感呢?你不妨试试下面的方法。

■ 搞清楚当下让自己觉得有幸福感的金钱数目是多少。

“获得幸福不需要很多钱”这句话长期以来一直饱受诟病。正在经历个人经济危机的人认为这是那些处于小康甚至是富足水平的人用来开脱的说辞。实际上，这句话是至理名言，它不仅具备一定的理论基础，也有科学依据。

每个人对于财富的价值感知度不同，所以让个体产生幸福感的金钱数目也不同。比如一个月收入 3 000 元的普通工薪阶层，其月薪决定了他的生活水平，如果3 000元是他的平常均月收入，那么上涨至每月6 000元足以让他体会到强烈的幸福感。同理，对大城市的人而言，几百元也许只够吃一顿不错的晚餐，如果捐给一年到头辛苦劳作也只能赚2 000元的贫困山村家庭，他们会强烈地感受到幸福，因为这笔钱对于他们来说不是一个小数目。

无论是上述提到的几百元还是6 000元，对不同标准的人来说，带来的幸福感不同。所以，树立正确的金钱观的前提是搞清楚当下让自己觉得幸福的金钱数目是多少，绝不能把越多越好的标准强加给自己，因为目标虽美好，实现起来都很难。

基于个人经验，我觉得超过月薪30%定为挑战目标，往往比较可行。一个人一旦达到这个收入标准，并且连续维持半年，他将有效扭转穷人思维，树立正确的金钱观。

■ 学会幸福。从制定月度目标开始，把努力和回报的周期拉长。

“延迟满足”是提升大脑神经兴奋度、增加幸福感的不二法门。比如，当你想买一个需要你努力工作至少3个月才能买得起的包，从制定这个目标开始，大脑就进入兴奋状态。你为了实现目标所做的每一次努力都会刺激你的神经，让你产生离实现目标更近一步的幸福感。3个月后，你真的买到梦寐以求的包，那一刻的幸福感简直爆棚。但随后你幸福感会迅速降低，于是你可以开始制定下一个目标，再去实现。

延迟满足旨在通过制定阶段性目标，有序地拉长目标实现过程中的幸福体验。一些立刻就可以实现的目标，比如购买一件你觉得不贵的东西，虽然也会让人获得幸福感，但是这种幸福感会伴随着购买行为的结束迅速降低。重复多次同样的即时满足，将会麻痹带来幸福的神经元，渐渐让一件事情失去趣味性。因此，相较于即时满足，延迟满足更能产生强烈且持久的幸福感。

在我看来，从制定月度目标开始是比较合适的策略。一个月制定一个核心目标，把实现目标的行动计划分摊到每周、每天，这一策略能让你充分感受到自己在为这个目标而努力。在你实现月度目标之后，继续以季度或年为期限设定和执行更大的目标，也将有效提升延迟满足带来的幸福感。

■ 在面临个人经济问题时，注意调动正面情绪，采取有效行动。

有人问我，在我因为裸辞失去收入来源，以及被信用卡服务中心催债的时候是否焦虑过，以及我是如何克服焦虑的？

不得不承认，我的确焦虑过，而且情况非常糟糕。那时的我牢牢地被钱的问题绊住，以为没钱就做不了任何事情，不知所措、痛苦、自卑之感袭来，一度陷入自我否定的状态。

在痛苦了一段时间之后，我发现，如果不先解决核心问题，就没有办法解决其他问题。依赖别人也是不现实的，所以我必须发挥强大的主观能动性才能脱离困境。我不断地给自己传递正面、积极的心理暗示，主动解决缺钱造成的焦虑问题。

当我终于还清所欠的信用卡费用时，心怀感恩：感谢这张信用卡提供的消费体验和服务，我理应为这些优质的服务付费。这些优质服务的提供者因为我的付费也可以有更好的生活。怀着这种感恩之心处理债务问题，你不再觉得那么可怕。

朗达·拜恩在《力量》一书中表达了这样的观点：想得到什么就要先付出什么。如果你想得到金钱，就先对它付出爱。正面“感谢”金钱也是付出爱的一种重要方式。

同理，当你发现同级员工的工资是你的4倍时，如果你选择嫉妒，为自己打抱不平，觉得对方并没有什么过人之处，那么你在对金钱抒发负面情绪。最坏的结果就是你因为愤懑不平而辞职，即刻损失一个月甚至是几个月的工资。如果换一种方式，学习对方好的一面，弥补自己的不足，你就能对金钱发出正面信号。同时，你也会因为向对方示好，得到对方的支持，也许可以获得额外的发展机会。

我在面临个人经济问题的时候，通常选择主动调节自己的情绪，以感恩之心解决危机，学习他人赚钱的方法。这样的做法有效地缓解了缺钱带给我的焦虑，让我顺利地解决了很多问题。

■ 把有限的金钱投入到提升个人眼界和价值上。实现自我价值增值，你在单位时间内创造的价值才会增加。

说到价值增值的问题，我深有感触。如果你现在很穷，更好的选择也许不是存钱而是把钱花在提升自身价值上。在更多圈内人知道我出版了自己的第一本书后，我的职业咨询服务已经由过去每小时1 980元涨到每小时5 360元。我撰写的深度公关文章从5 000元一篇，涨到20 000元一篇。随着曝光率的提高和行业人脉资源的积累，以及职业经验和技能的提升，大众对我的认可度也与日俱增。这时候，我在单位时间内提供的服务变得更加值钱。

如何从 0 到 1，不断地为自己增值呢？

第一，投资职业教育。我每年花在买书、上课的开销至少有 20 万元。学到很多科学做事的方法之后，我也相应地调整了思维方式。比如，我在参加公众号选择自己的线下课时，学到了很多高管总结的运营管理知识，同时也获得了行业内的人脉资源——当时的很多学员后来成了我们公司的客户。

第二，投资出国旅行。不要小看国外经历对一个人的影响。出国旅行是拓宽视野的一种有效方式，和国内旅行获得的体验非常不同。我在大学的时候就已经明白这个道理。通过了解其他国家的文化、生活和工作方式，你的眼界将大大被提高。

第三，投资人际关系。人际关系不只是请客吃饭这么简单，而是与他人建立更为深入的交流。举例来说，你参加了一些行业前辈开发的线下课程，在付费学习之余也拓展了人际关系。在与他人的合作过程中表现出专业、认真、负责的态度，取得客户信任也是一种投资人际关系的方法。

良好的口碑和人际关系，可以有效提升个人影响力。当大部分人都称赞你的时候，贬低你的声音就会减弱，你做事情的助力就会变强。相反，如果大部分人都对你心存否定，刚认识的人听过评价自然也会对你怀疑，你在做事情时会遇到更大的阻力。

只有你愿意投资自己，提高自己的专业技能、知名度和口碑，你的单位时间才更有价值。这个道理就类似于一个明星的成长过程，其在行业内的知名度越高，商演价格就会越高。作为职场人，你若想赚更多的钱，不妨从专业技能、人际关系、知名度三个方面下手提升自我。

实现财务自由，心灵自由是第一步。贫穷让人不幸，但是，受制于穷人思维让人更不幸。只有树立正确的财富思维，才能真正地解决财富问题。

自信的人更容易成功

我的职业咨询费用是每小时 5 360 元。因为价格较高，所以我的咨询者中大多数都是职场精英人士。很多读者怀揣进入顶尖互联网公司的想法，慕名而来找我做咨询。在和这些积极主动，职业素质、个人水平都相对较高的咨询者交谈的过程中，我吃惊地发现，他们中的大多数在内心深处藏着——自卑。自卑衍生的恐惧、自我束缚等问题不停地干扰他们，让他们即便在拥有非常好的职业发展和经济条件的情况下，依然缺乏幸福感。

诗诗就是其中一位非常典型的代表。她毕业于清华大学，毕业后的 5 年一直在顶尖金融机构从事审计工作。生完孩子之后，她准备放弃过去的工作，却不知道该选择什么样的新职业。一时间，迷茫、恐慌席卷心头。为此，她特意从国贸跑到我的公司，约我一起聊聊关于职业的问题。在聊天过程中，她多次提到自己是一个极度自卑的人。这缘于高中时期老师对她的态度——即使她成绩很好，老师依然不喜欢她，还经常批评她。久而久之，她变得孤僻，很害怕与人交流。进入职场之后也是如此，她很害怕和同事相处，总想躲着上司，总觉得上司不喜欢自己。虽然毕业于国内顶尖的大学，又在很好的公司工作，她依然觉得自己是个能力不足的人。

出现在诗诗身上的问题也是很多职场人同样面临的问题——明明身处不错的环境，拥有独特的个人优势，却始终只关注自己的弱点，长期自我压抑。

自卑不是一朝一夕形成的，其形成多数与过去不愉快的生活经历有关。心理咨询师不止一次地告诉人们要原谅过去："因为人们不能原谅那样的过去，所以他们无法从糟糕的状态中走出来。"如果过去真的那么容易被原谅，人们的问题早就解决了。与其违心地原谅，你不如尝试培养自信，科学地处理自卑心理。只有这样，你才能从现在开始成为一个完全不同的人。接下来是一些快速让你变得积极自信的方法。

■ 先放任自己自卑一个月，观察自卑所产生的结果，激发调整情绪和状态的想法。

《海明威短篇小说集》中有一则故事阐释了这样的道理——如果小孩子触碰了滚烫的开水，疼得流出眼泪来，他下次就再也不会碰开水了。成年人的生活处处都是盛满滚烫开水的地方，可是他们即便触碰到了也不会喊疼，更不会流泪，所以才伤痕累累。人们越成长，越对很多事情逐渐失去敬畏心理。在自卑的时候，很多人或许不曾注意到自卑会带来严重后果这个事实。

我在刚开始准备创立公司的一段时间内，并不是很自信。这种不自信缘于在问题出现后我不知道该怎样解决。比如，我刚开始做CEO的一站式公关营销技术服务时，最大的难题是获取客户。虽然困难重重，但是整个团队仍然在一年内完成了 67 个公关项目，从客观角度来讲，这也算是不错的业绩。可在那个时候，我调整不好自己的心态，对于未来的迷茫让我变得非常悲观。但是我渐渐发现，当我以自卑、焦虑的状态和客户聊天的时候，得到的不是安慰，反而是被看轻、被误读。我不自信的表达，让很多人误以为我们公司没有足够的专业实力和强大的竞争力，而且连我也因此得到不少负面评价。

如果仅仅小看你这个人尚且不算严重，那么因为小看你而对你的专业价值、商业价值产生错误判断，影响你的行业口碑，对于个人事业而言将是一场毁灭性打击。那些不了解你的人会因为这些负面评论而对你先入为主，那些潜在的客户也会因此慎重考虑与你合作的必要性。无形之中，你就损失了一部分有力支持。

因为畏惧这种灾难性的误解，而选择自信地表达，避免向任何存在合作关系的人展示自己的弱项，以专业的态度探讨合作问题，是每个成熟的商业人士心照不宣的技巧。

放任自己自卑一段时间，观察自卑产生的结果，你会发现，自卑无益。建立自信才是正道。为了避免一些恶果，你除了自信，你别无选择。

■ 熟记人性的隐秘规律：你展现给别人什么样子，别人就会认为你是什么样子。

从某种程度来讲，大多数人都不了解你，你展现给外界的是什么样子，外界就认为你是什么样子。他们不会深究，更很少去考证。所以，当你反复说自己不行的时候，外界就会认为你真的不行，即便你可能拥有很多优秀的特质。不出意外的话，其他人会一直保留你给他们的最初印象。你若展示自己精明能干的一面，大家会下意识地认为你的工作能力很强。

这个规律很像品牌传播学的一个概念——传播辨别度。人们在很难辨别一个品牌宣传的实际产品成分时，会在第一时间相信宣传方所说的话，所以，有一句响亮的口号是获取消费群体的一把利器。

很多人可能会问：如果我的能力没那么强，可是我把自己说得很厉害，别人会不会在了解我之后发现我并没有想象得那么厉害，然后揭穿我，进而对我的印象更差？答案很简单，在自我肯定的同时，你需要持续行动，努力达到自己的预期。

一位出版行业的前辈曾说过这样一个现象：很多人容易瞧不起一些正在努力的人，甚至在没有结果之前讥讽他们。然而这些人往往只是出于嫉妒，才对他人不屑一顾，自己却没有任何努力。这样，那些努力的人很快就会超过站在原地说酸话的人。

在我看来，比起那些讥讽他人却故步自封的人，大胆展示自己，专注地努力的人，哪怕当下没有收获结果，他们的未来仍然是光明的。在他们努力的过程中，越来越多的人会知道他们在干什么，需要什么，而他们将会吸引更多的合作机会，一步一步朝着理想的方向前进。

人生的主动权掌握在自己手里。你先要设定自己想向外界呈现的形象，然后再不断地学习所需要的知识、思维方法。用不了多长时间，你会成为一个从表达到行动都充满自信的人。

■ 明确自信的来源：完成阶段目标所获得的成就感。

自信既不是天才的特权，也不是精英的特权，更不是有钱、有地位的人的专利。自信是每一个人的权利，只是很多人放弃了这一权利。

我的自信是在大学期间培养起来的。虽然我并非名校毕业，但是面对那些学历比我高、成绩比我好的人时，我仍旧非常自信。在我求职的时候，这份自信帮助我战胜了很多其他的优秀求职者，让我最终进入顶尖的互联网公司工作。大学期间，我是如何发现培养自信的秘诀的呢？答案是，我尽力完成了所有我想完成的阶段目标。毕业前，我分别在10余家公司实习过，尝试了所有自己想从事的工作内容。我在每次实习中都学到了新的知识，并且在实习结束时收获了巨大的成就感。成就感所带来的自信，让我受益终生。

在正式参加工作之后，我延续了这种提高自信的方法，给自己设立年度目标、3年目标、5年目标，每天按部就班地执行。每当实现一个阶段目标，我的自信就增加一些。

你在设置目标时需要注意的是，目标不能过多、过大，也不能太容易完成。完成有难度的阶段目标更有助于提升自信。

我设置的3年目标是进入行业内顶尖的公司，出书并在全国签售。在第3年的时候，我如愿进入爱奇艺，出版《你怎样过一天，就怎样过一生》，并在全国100多所大学和30多个城市签售。这个目标不是很容易完成，更不是在短期内能够完成的。为了完成这样的目标，我在2016~2017年平均每天写一篇文章，在工作中积极学习营销知识、积累行业资源，也先后经历了新浪、搜狐两家公司的锤炼，最终才得到爱奇艺高管的认可。

周围很多优秀的朋友都有设定和完成阶段目标的习惯，通过他们，我更加确信完成目标所带来的成就感是自信的源泉。所以，你也可以为自己设定一个年度目标、季度目标或月度目标。当你完成这些稍有难度的阶段目标之后，你所收获的自信将是空前的。如果担心自己坚持不下去，我相信《心流》这本书谈及的一个观点将对你有所帮助——人们如果过度放纵欲望，会让自己陷入消费的旋涡之中。想要消费有快感，你需要为它赋予意义。如果你买的每一样东西都是为了奖励自己完成阶段目标而存在的，你将会更加积极地努力，你的自信心和幸福感也会因为这种奖励机制而源源不断。

自信的人更容易成功。人们对自信有各种溢美之词，可是当他们面对困境时，却又固守着自卑的心理。自信是我们的一种选择，如果你想过更好的人生，除了自信，别无选择。

效率就是决策的生命线

一位在京东工作的读者向我诉苦，他对工作产生了厌倦。问及原因，他说自己非常希望按照预想的节奏做事情，可是频繁的工作会议总是打乱他的安排。

“我感觉每天有开不完的会，做了很多事情也得不到及时的反馈，所以不知道做事的意义在哪里。我所在的部门不是很重要，对

KPI（关键绩效指标）没有什么要求，完成了更好，完不成也没有关系。上司也总是改变自己的决策。我们曾全力以赴地攻克项目，却在两三个月之后被告知我们不用做了。在工作中，我完全得不到应有的成就感。这已经是我的第4份工作了，我不想再换工作了，应该如何调整自己？”

人生最宝贵的不是金钱，而是时间和机会。一旦人们无法在职场中获得反馈或者进行学习，就会造成工作效率低下，这是职场幸福感的大敌。长此以往，你不得不加班弥补没完成的工作，加上焦虑等负面情绪的折磨，可能会积劳成疾。

25岁之前，我习惯在白天工作，在晚上抽时间学习。那时候我几乎不分昼夜地工作。25岁之后，考虑到身体状况，也因为科学方法论的影响，我开始倾向于在白天一边工作一边学习，把晚上的时间留给运动和休息。

如何才能够在工作的时候高效地学习呢？我想分享以下几个方法。

■ 一万小时定律可能不及一个教练的精准指导。

一万小时定律指出，1万小时的锤炼是一个人从平凡到卓越的必要条件。如果一个人每天花3个小时研究一项技能，那么需要9年多才能积累到1万小时。但是学习9年，见效太慢。万维钢在《万万没想到：用理工科思维理解世界》这本书里，提出一个观点：一万小时定律，不如一个有精准训练方法的教练带着你练习。大多数人不需要1万小时那么长的时间在一个领域内变得卓越，精准的方法、有效的指导、刻意的练习可以大大缩短达成目标的时间。

运动员如果想在有限的时间夺得世界冠军，只靠自己练习或阅读专业书籍肯定是不行的。所以，教练机制是运动员取得好成绩的有力保障。教练基于丰富的作战经验，采用科学的方法指导运动员完成训练，帮他们矫正动作和调整心态，减少不必要的弯路，让他们尽可能在相对较短的时间内取得好成绩。

职场也是一样，如果你想快速进步，就必须找到这样一位经验丰富的教练，给你正确的指导和即时反馈。这个教练可以是你的上司，也可以是你的同事，只要他们的技能高于你又愿意帮你。除了他们的帮助，你也可以参加一些互联网上的学习课程。馒头商学院、荔枝微课、千聊、脉脉课堂、网易云课堂、有道精品课、有书课堂、十点课堂、得到、喜马拉雅、运营研究社、小灯塔、沪江网校等都是非常优质的网上学习渠道。

从 2018 年开始，各大平台陆续开办线上线下训练营活动。在训练营活动中，你可以见到老师本人，不仅可以跟他学习知识，更可以直接和他交流，即时得到反馈和指导。我曾经参加过腾讯新闻前主编李倩发起的品牌营销训练营。通过训练营活动，我不仅了解到公司品牌营销知识，还通过提问收获了指导和建议，更是有机会结识了一群优秀的同行。目前，在北上广深这样的大城市，职场人越来越倾向于参与线上学习，或者通过线下活动和同行交流。

互联网让资源占有变得更加公平。过去只有在大城市、大公司工作的人才具备的职场知识，现在正通过职场精英的分享在职业教育网站上传播，中小城市的职场人也获得了同样的学习机会。现在，你不仅可以在网站上找到自己的职业技能教练，而且可以同时拥有多位教练。

抓住时代发展的利好，在网络社群中找到适合自己的教练，跟着教练学习，是快速进步的一条路径。

■ **高强度、有针对性地练习一项技能。**

很多人不会在职场中学习的原因是，岗位职责太复杂，抓不住重点。

这些年我每次和朋友们聊天，问到他们做什么工作的时候，对方总说：打杂。打杂形容一个岗位负责的事情既多又杂，几乎没有重点，营造出一种哪里需要你，你就顶上的感觉。长久下去，你虽然掌握一堆资源，但是无法按照自己的设想创造价值，慢慢地你就会感觉自己被埋没。

和写作大师——粥左罗交流时，他一再强调，一个人最重要的品质就是能够专心地研究好一件事。粥左罗最重要的技能是写作。他写出很多高质量的人物特稿，吸引微博用户纷纷转发。可以说，他的粉丝数量增长全靠好内容。

想要精准地练习一项技能，从单点开始突破最容易成功。以新媒体运营岗位为例，其工作内容不止一项，包括文案撰写、活动策划和运营策略等。如果你什么都学，就很难在短时间内做出成绩。有针对性地练习这个岗位要求的一个技能，可以帮你更快达到行业顶尖水准，然后你可以安心地挑战下一项技能。所以，从单点开始突破是最容易看到效果的，也是你最快实现进步、收获自信的路径之一。

这里我要推荐一个有效监督自己完成单点突破练习的方法：写日报。在每一天结束时，记录自己做每件事情所用的时间。在第二天，你可以有意识地在最重要的工作上多安排时间。

■ 获取直接用户及时的反馈，建立有效的学习路径。

没有反馈的学习通常是低效率的。比如你写了一篇文章，既不和同行交流，也不跟读者交流，那你可能永远都不知道自己到底存在哪些问题。

快消行业里有个非常重要的思路——做品牌推广时，一定要安排距离用户最近的人去做。只有以最快的速度收集到用户的及时反馈，才能够有效地改良产品。

在职场工作中，没有什么比直接客户的反馈更有意义。做一件事时，得到领导的反馈往往很慢，意见也不一定精准，但是你若寻求直接客户的反馈，他们一定可以提供明确的答复和诉求。知名两性指导老师李熙墨，依靠及时和用户沟通，积极改善自己的课程产品以及电商产品，才在短期内迅速积累大量粉丝，其课程销售收益也突破了100万元。

寻求直接用户的反馈是有效学习里最为重要的一环。你一定要在日常工作中预留出时间搜集用户反馈，哪怕只有一个小时。

■ 真正卓越的人在自己所属的领域内至少要掌握100种有效的思维模型。

这里的思维模型，又称为商业套路或商业模式。表面上一个人在写文章，其实他想通过写文章聚焦流量卖产品。这就是套路。表面上一家公司在做品牌活动，其实它希望通过做品牌活动获得在某个特定范围内的影响力，继而打开新的市场，销售自家产品。这也是套路。

大到制定一家公司的经营战略，小到实现某一个具体目标，都有自己的思维模型。“选择自己”的创始人凯尔在发现裂变海报可以吸引粉丝之后，迅速组织全公司的人开始尝试这种新媒体玩法。果不其然，他们的微信公众号迅速积累了大批粉丝，公司流量突破500万。他在总结个人经验时说：掌握做事情的一个思维方法，然后迅速复制，势能就是无穷的。

思维模型至关重要，一个人掌握的思维模型越多，一旦应用到职场或生活中，越能够游刃有余。职场人完全可以通过阅读、参与行业活动或与同行交流从而掌握不同的思维模型。但是不得不说，量的积累很重要。我认为如果一个人很少读书，也不怎么和人交流，他的职业发展基本上不会有特别明显的改观。

这里有一些有助于积累思维模型的书籍曾让我受益匪浅，分别是《商业模式新生代》《斯坦福极简经济学》和《穷查理宝典：查理·芒格的智慧箴言录》。

真正卓越的人才，都在各自的专业领域里掌握至少100种有效的思维模型。职场学习是一个被重视但是并没有得到普及的事情。目前每个人仍然要靠自我驱动追求更为高效的职场学习。上述方法将会帮助你重新养成职场学习习惯，在工作期间完成学习，获得更优质的职业体验。

第二章 犹豫不决是最大的浪费

从单点开始突破

人们在面对职业发展问题时，总会产生各种各样的疑惑。无论是工作10年以上的职场精英，还是工作1年以下的职场小白，都会遇到难题，而其中最为普遍的问题就是找工作。人们都想知道到底什么样的工作才是最适合自己的。

在找工作这件事情上，最常见的错误思维是试图通过一些职业心理测试发现和定位自己。相信我，这些效用不大的探索只是让你在短时间内获得安慰，并不能从根本上解决问题。

归根结底，职业选择是社会需求和人的性格与能力相匹配的问题，社会需求在前，人的性格与能力在后。现在的职场和当初70后、80后主导的职场大有不同，行业的飞速发展催生了很多既有趣又高薪的新岗位，而一些在固有认知里属于好工作的岗位已经过时。人们用尽全力去发现自己，却对社会上新产生的岗位一无所知，实在是本末倒置。

寻找理想工作的正确逻辑是，先了解社会需要什么人才，新产生了哪些岗位，再从自身条件出发匹配自己感兴趣的岗位。这也是比较节约时间的方法。在中国，我率先提出“行业—领域—类型公司—岗位”的职业选择逻辑和圈定模式。2017—2019年，我为近1 000位职场人提供咨询服务，2/3以上的咨询者通过这套方法精准地锁定了自己的工作发展方向。

关于如何践行这套思维逻辑，大家可以尝试如下步骤：

■ **确定行业：行业 = 工具 + 领域。**

在找工作时最重要的不是找公司，也不是找岗位，而是先找到一个合适的行业。

有些人在找工作时只瞄准大公司，不管这些公司所处的行业是否有发展前景，业务线是否适合自己。有时候，只认准公司找工作造成的损失难以想象。

我的咨询者中不乏从清华大学、北京大学毕业的人，他们在读书时代个个出类拔萃，找工作时进入一家看起来不错的公司，一待就是五六年，等到想转型的时候却发现前途茫茫。他们中有的人选择了一家好公司，却被没有什么发展前景的业务线耽误；有的人虽然在大公司工作了几年，却发现这份工作并不适合自己，而且根本没有积累到核心技能，就算离职，也不知去向。这些都是不区分行业、盲目选择大公司的后果。即便在一家大公司，不适合你的岗位和业务线对你而言也是不值得的选择。

同样，找工作时只认准岗位也有很大弊端。在职场上，职位有高低之分，但是职业精神没有。有的岗位比其他岗位的薪资高，只是因为其稀缺性。

这条定律暗示我们，行业随着时代的发展而发展，好机会也会不断地出现。比如，之前互联网公司中有一个热门岗位——新媒体运营，在 2014 年同类型文职岗位的薪资对比中，它是令人瞩目的佼佼者。可是随着该岗位的工作方法越来越普及，如今已经是人满为患的状态了。品牌公关岗位在 2016—2017 年同样非常热门，一般只有少数大公司才会设置这样的岗位。随着市场需求的变动，公司没有那么多预算做品牌业务，这个岗位也开始走下坡路，取而代之的是另一个新兴岗位——用户增长。

当你读到这里的时候，很多新的岗位又产生了，同时很多岗位在日渐“没落”。如果按照固有认知里的好工作标准去选择的话，我们找到的可能刚好是那些“没落”的岗位。这也是择业困难的症结所在——求职者和市场需求之间总有信息差。因此，我们要寻找的是发展前景良好的行业中的新兴岗位。只有这样的岗位才是真正符合时代发展需求的。

要回答如何找到适合自己的工作这个问题，我们最先需要确定的是我们到底要去什么样的行业。确定行业其实没有那么复杂，有3种方法能够我们提供线索。

第一种，浏览一些综合性招聘网站，比如智联招聘、前程无忧，了解行业分类。

第二种，关注拉勾网、脉脉、领英、在行、BOSS直聘等网站发布的行业报告和白皮书。

第三种，关注行业媒体和其他公众号。如果你想进入文化娱乐行业，三声、娱乐资本论、综艺报等会有很好的指导效果。

根据前面的公式——“行业 = 工具 + 领域”，我觉得有必要申明一点：互联网是一个工具，而不是一个行业，工具只有和具体的领域放在一起才是行业，比如，互联网娱乐是一个行业，互联网金融也是一个行业。教育是一个工具，而K12教育（基础教育的统称，指学前教育至高中教育）和留学教育则属于行业的范畴。

通过搜集信息了解行业概念和具体的细分领域，有助于求职者筛选出自己感兴趣的行业。在确定行业之后，可选择的范围进一步缩小了，你可以更好地思考进什么类型的公司，就职于什么岗位。我当初就是通过全面搜集信息和面试，了解到一些行业的发展情况，排除了一些不适合我的行业（如日语教育、英语教育等），最终决定从事互联网读书行业。

就此我得出一个结论，在找工作时不断缩小选择的范围，可以有效降低职场人在选择面前的无力感。

■ **确定公司类型：公司类型 = 赢利模式。**

确定行业的下一步是研究这个行业里的公司。即便在同一个行业内，也不是所有类型的公司都适合你。

检索“行业 + 领域”，下拉公司名单，然后你可以根据公司的赢利情况研究它们属于哪一类型的公司。当我搜索“互联网读书”这一词条时，网页上会出现很多相关的公司。我把互联网内容行业的公司类型分为：出版公司、文化公司、版权公司、影视公司、发行公司等。出版公司的主营业务为出版，文化公司靠“出版 + 营销”的模式赢利，私营企业居多，版权公司的主营业务是销售作品的版权，影视公司需要制作影视作品，发行公司主要负责各个渠道的销售。

然后，选择 1~3 家大公司，研究公司结构和岗位分工，从中提炼出与自身条件匹配的岗位。你可以通过面试进一步验证这些公司是否适合自己。根据是否喜欢它们的业务内容，认同它们的企业文化，你可以屏蔽掉大量不适合你的公司和岗位。一旦无法接受某一家公司所树立的价值观和思维模式，你往往不会再考虑同类型的其他公司。

■ **确定岗位。**

针对公司了解岗位也是建立整体行业认知的过程，大体步骤为：检索公司名称—查看在招岗位—以不同公司为样本研究岗位—匹配个人技能与岗位。

每个公司的组织架构不同，岗位名称也不尽相同，即便是相同名称的岗位，在不同公司也可能负责完全不同的业务。我想寻找一条业务线上的核心岗位，所以选择了市场部门，而市场部门包括媒介、活动策划、品牌公关、商务合作等岗位。于是我要了解这些岗位的核心工作内容，以及它们在不同类型公司的区别。哪怕都是媒介岗位，在互联网科技和互联网娱乐行业，对接的媒体资源也有很大差别。而且，这一岗位是设在业务线上的市场部门还是公司层面的市场部门，其工作内容和业务方向也不同。

关注岗位招聘信息、咨询在该岗位工作的人及猎头，可以帮你确定该岗位需要的核心技能。将自己的专业优势和技能与岗位相匹配，过滤掉适配度低的岗位。如果你要在互联网视频行业发展，可文案能力才是你的优势，那么后期制作岗位可能不太适合你。如果你非常喜欢一个岗位而自己不符合岗位招聘要求，尽可能先去学习相关知识。我通过搜集不同岗位的信息，与自己的能力和预期进行匹配，最终选定了互联网视频行业的品牌公关岗位。

我第一次在抖音上分享这套思维模型的时候，很多人在评论区留言——如果自己可以如此细致全面地搜集岗位信息，就不存在职业选择困难的问题了。而我恰恰想说：大部分人的问题在于宁可放任自己在焦虑的过程中浪费时间，也不愿意行动起来。

一个擅长从单点突破，全面搜集信息的人才能够做好职业决策，而他在未来的职业道路上也会因为这项举措受益匪浅。

信息渠道决定信息质量

一位读者向我诉苦，说自己找不到好的工作。后来我才知道他居然还在通过小型的线下人才招聘会找工作。在非校园类招聘会上招工的公司，绝大多数面向社会招聘，以劳动力型岗位为主。这样的渠道决定了不会有太好的岗位可供选择。换言之，获取信息的渠道很重要，信息渠道决定了信息质量。

有一次，我在参加一场企业端的高级发布会时，认识了一位知名企业的 CEO。会后，我们就合作意向进行详谈，成功达成公司间的战略协议。我向他请教经营公司的经验时，他说了其中一条——多参加高级的行业活动。这样的活动往往汇聚了一批优质公司的创始人或高层管理者，如果有机会和他们达成合作，那非常值得一试。高级的行业论坛和发布会通常设有一定的报名条件和审核门槛，而这层门槛相当于提供优质渠道的主办方，为参会人员筛选出了高质量的合作伙伴。这个道理同样适用于找工作、做选择。优质的渠道和第一手信息正是打开命运之门的钥匙。

我在入职爱奇艺之前，就深刻体会到了渠道的重要性。

过去，我们常说“不懂问百度”，现在百度也解决不了我们所有的问题。有时候，你在百度的搜索框内输入“公司名称 + 招聘”，弹出来的却是一些失去时效性的招聘岗位，或者广告信息。我发现用百度搜索出来的岗位信息大都比较滞后，难怪依照它投出的简历就此石沉大海。

后来，我尝试使用传统的招聘网站，比如智联招聘、前程无忧，但仍有很多岗位信息更新不及时。一些大公司的高级 HR（人力资源管理人员）似乎对传统招聘网站不够重视，回复不及时。即便如此，这种渠道仍然比百度上的信息转化率要高一些。

再后来，我通过目标公司的官方招聘链接直接进入其人才库。虽然我的简历能被公司看到，但是效率仍不高。也许公司官网招聘的信息转化率还不及传统招聘网站，不过好在招聘信息更新及时。在好友的推荐下，我了解到有些公司，比如爱奇艺有一个有关招聘的微信公众号——爱奇艺伯乐，上面经常发布各种急缺职位的信息，而且留的联系方式都是负责人的电子邮箱。这种招聘渠道更加直接。

不得不说，又快又好用的求职方法是内部推荐。因为爱奇艺副总裁的推荐，我进入内推系统，获得面试机会。最后，我因在面试中表现良好，成功进入爱奇艺，从事市场品牌公关的工作。

综上所述，各种公司的招聘信息在不同渠道的转化率并不相同。对于越好的公司，我们越需要掌握它主要的信息发布渠道，才有可能接近信息源，达成求职目标。

常见的信息渠道都有哪些呢，其中哪些渠道又更有优势呢？

■ 传统招聘网站对比垂直招聘网站：垂直招聘网站更为聚焦。

招聘网站是求职者找工作时最常用的信息搜集渠道。不管是智联招聘、前程无忧、58 同城还是赶集网，都是传统的招聘网站。传统招聘网站的优势是岗位信息丰富、种类多，劣势是招聘岗位职级比较低，招聘公司鱼龙混杂，一些知名企业的高层职位基本上不在传统网站上进行招聘。

这时候，一些垂直招聘网站就显现出优势，比如拉勾网专门发布互联网行业招聘信息，大街网的主营方向是毕业生招聘，猎聘网专门对接高端岗位招聘。

从垂直招聘网站获得的岗位信息比传统招聘网站更有针对性。纵观我投递简历之后收到的回复情况，目前猎聘网和拉勾网的回复速度最快、转化率最高。垂直招聘网站的优势非常明显。

■ 企业官网对比企业微信公众号：公众号更高效。

我认为，公司官网及其微信公众号是比招聘网站更靠近一家公司的渠道，但若将前两者比较起来，仍可分出高下。

我们不妨以爱奇艺的招聘官网和微信公众号爱奇艺伯乐为例。其公司官网上的招聘岗位按照部门分类，便于求职者了解公司组织架构，辨别适合自己的业务线。找到官网也只需要用浏览器搜索“公司名称 + 招聘官网”即可。同样地，利用微信搜一搜功能搜索上述字样，我们同样可以快速找到相关账号。但是，相比较而言，微信的操作方式更为日常和频繁，所以求职者通过企业微信公众号的渠道去投递简历往往比利用公司官网投递简历的效率要高。

■ 垂直行业媒体对比行业公众号：公众号的职业信息更为多元。

任何一个领域都有属于自己的行业分析渠道。例如，文娱产业的公众号有三声、传媒内参、骨朵等。在微信搜索栏，搜索“行业类别＋行业媒体”，你会看到相应的文章和公众号推荐。在 PC（个人电脑）端你也可以用同样的方法检索信息，查看高质量的推荐文章。在新榜微信公众号的排名榜单中同样可以搜索到专注分析某一行业的公众号。

垂直行业媒体往往有一手资料，它们提供的行业信息非常全面，得出的产业分析的报告质量更高，但是它们很少发布行业内部的岗位招聘信息或者同行业内国有企业的招聘信息，所以可选的应聘公司类型很少。

相比之下，行业公众号发布的招聘信息更为多元，比如娱乐资本论经常发布文化娱乐行业内知名工作室的招聘信息。这不仅极大地开阔了求职者的眼界，也让求职者更容易获得竞争压力较小的优质机会。

■ 招聘类公众号对比招聘网站的公众号：招聘类公众号的信息更新得更及时。

新榜、乔布简历、刺猬实习等公众号提供行业信息分析和行业数据分析，且兼具招聘功能，往往会发布比较新的招聘信息。这些公众号公布的联系人一般是部门负责人，这大大增加了回复的时效性和有效性。相比之下，智联招聘、前程无忧等招聘岗站的公众号存在岗位信息更新得不及时或需要人力资源部转达的情况。

■ 外部简历投递对比内部推荐：找机会不如先找到掌控机会的人

找工作最直接的方式就是找到掌握机会的人，获得第一手的求职信息。一般来说，直接通过老板找工作的胜算会比较大。由老板亲自招人，猎头推荐或靠谱的朋友引荐显然有利。我曾经想进入微播易这家公司，当时有幸得到一家知名猎头公司的 CEO 徐林的推荐，直接面见了微播易 CEO 徐扬老师本人。内推或引荐这种求职模式越是在大公司越普遍，那么普通人如何才能找到掌控机会的人？

职场社交网站：领英、脉脉、BOSS 直聘等。

在线教育网站：分答、在行、插坐学院等。

课程相关社群：目标行业的从业人员所开设的课程社群等。

掌握多个信息渠道是帮助求职者精准地找到合适的工作机会的一大利器。机会不是等来的，而是争取来的。因此，在搜集信息的过程中，求职者要深入研究，多做尝试，把握各种信息渠道的特性和转化率，尽可能争取双方有意向的求职结果。打通信息渠道是通往优质求职机会的不二法门。

正确的跳槽姿势之跨行业不换岗位

跳槽是职场人非常关注的一个话题。在经济形势不好的情况下，跳槽也变得越来越困难。职场人在跳槽时面临的最大问题是如何通过跳槽发挥更多个人优势，并获得升职加薪。

很多职场人跳槽进入一家不适合自己的公司，不仅浪费了时间，也破坏了工作体验和对未来的信心。有的人频繁地在同一水平的公司之间跳来跳去，却始终不考虑进入更高层次的公司或从事更高阶的工作。就这样，他们错失开阔眼界和提升能力的机会，得到的薪资也没有太大的变化。久而久之，职业热情大受打击，到最后，他们甚至产生自我否定、职场倦怠等问题。

如何才能以正确的方式跳槽呢？在回答问题之前，我们必须明确最常见的三种跳槽形式：跨行业不换岗位，不离开原行业但是换岗位，既跨行业也换岗位。

假如你过去是售楼处的房产销售人员，换了工作之后在大众汽车从事汽车销售。同样都是销售岗位，所在的行业却差异极大——一个是房地产行业，一个是汽车行业，所在岗位要求从业者掌握的产品信息、销售技巧也完全不同。这种情况属于典型的换了行业却没有换岗位。

第一种跳槽形式涉及的岗位大多属于“万金油”岗位，比如会计、销售、人力资源等。这些岗位本身没有太多的行业束缚。如果你想让自己的价值增值，必须结合一个具体行业凸显自己的优势。

假设你是一名资深的医疗行业人力分析师。你的价值一定大于一个在房地产、互联网等行业之间跳来跳去的人力分析师，虽然你们的职责都是管理招聘，设计公司组织架构，但是在一个行业深耕的人一定更加有价值，因为他们对行业现状的整体把控，对专业人才的识别能力更加突出。

但是，所谓的换行业也不是随便换的。以一位读者为例，她原来在知名杂志《时尚芭莎》担任编辑，想转到互联网公司继续做一名编辑。当时恰好有个机会，她便去了腾讯体育频道做网络编辑，负责公司网站的运营工作。但是这份工作涉及的人和事跟以前完全不同，从时尚到体育的跨界一度让她不知所措。她对我说，她当时也没有多想，冲着腾讯公司的知名度就去了。然而，在实际工作过程中，她上手极慢，时常怀疑自己不适合那份工作。在郁郁寡欢了一年之后，她最终还是选择了离职。

同样都是文字编辑工作，在传统的时尚行业和在互联网体育行业完全是两码事。所以，跨行业但是不换岗位也不是那么简单的。如果采取这种跳槽方式，职场人应该怎样调整心态？有哪些既能提升工作体验又能实现增值的跳槽技巧呢？

■ **在跨行业不换岗位的跳槽方法中，所跨的行业不是随便选择的，跳到产业链中上游的公司比较保险。**

《时尚芭莎》属于时尚行业的纸媒媒介，这位编辑贸然跳槽进入互联网体育行业，必然受制于自己的知识储备和行业人脉，很难快速适应新工作。从职业规划的角度来看，如果不是出于对新行业的热爱，这样跨度较大的变动会打乱自己的职业发展节奏。

这里我们需要强调一个概念——产业链。所谓的产业链是指整个产业生态的构成。一个行业包含不止一种类型的公司，公司的赢利模式不同决定了它们的类型不同、组织结构不同，以及在产业中的分工不同。这些不同类型的公司，互相提供对方需要的服务，最终构成了整个产业链生态。对于一般的行业来说，位于产业链上游的是具有规模效应和品牌认知度的平台方，产业链中游的是中小规模的生产方，产业链下游的是外部加工渠道。

如果你打算跨行业但是不换岗位，尽可能要跳槽到位于产业链上游的平台方或者产业链中游的生产方。产业链下游比较适合个体通过创业赚钱，打工的优势不明显。如果你期待更好的职业体验，就暂时不要考虑产业链下游的工作。

这位读者如果选择互联网公司的美妆频道、时尚频道等处在上游产业链的平台工作，上手就会变得非常容易，而且会凭借过去的从业经验在职场中变得更有优势。又或者，她如果选择一些位于产业链中游的网红时尚公司，比如入江之鲸这种美妆时尚类新媒体公司，也能够发挥自己的长处，从而成功地完成从纸质媒体到互联网公司的职业转型。

■ 从资源和技能两方面入手，找准现有岗位与目标岗位的结合点。

提及换行业不换岗位，我们有一件事必须警惕——不同行业内相同的工作内容可能有着不同的岗位名称。比如，纸媒行业的编辑在互联网公司被称为新媒体运营人员，传统行业的公关岗位在互联网行业经常被冠以危机公关的名号，而日常公关经常被称作 PR。

所以在跨行业找工作时，一定不能被自己原来的岗位名称困住，而是要先研究对方公司的招聘岗位信息，找到适合自己的岗位是什么。

《时尚芭莎》的这位编辑想做的工作在互联网内容公司叫作新媒体运营。虽然工作内容类似，但是工作思路有很大的不同。纸质媒体的主要工作是传递知识，很少涉及用户体验，但是新媒体运营主要关注用户需求和体验，经常需要针对热点话题做出非常迅速的回复和策划。这样，纸媒的工作习惯和思路与互联网公司的新媒体运营就产生了区别。

很多目标公司往往要求应聘者具有相关行业的工作经验。如何在跨行业的时候让招聘公司关注你的优势呢？这位之前在《时尚芭莎》工作的编辑可以尝试如下两种策略来说服面试官。第一，她能够为目标岗位带来新资源，比如她在以往的从业经历中积累的高级媒体资源。第二，她能为这个岗位带来新技能，比如她过去策划活动的经验、快速占有用户心智及建立新杂志品牌的方法。

从资源和技能两个方面思考自己能否胜任一个岗位，如果在这两个方面都没有能够说服自己的理由，很显然目标岗位不适合你，那么你应该及早放弃，去选择新的岗位。

■ **选择合适的人作为导师，打开新的局面。**

如果已经有前同事或朋友在互联网公司工作，这位《时尚芭莎》的编辑应该向这些人请教，借助他们的视角观察了解一个新的行业。另外，如果你真的进入一个跨度很大的行业，同时想快速取得进步，那么你需要请教和咨询公司里的老员工，了解行业内部信息，明确自己应该着重提升哪些技能。这会节省你自己摸索的时间，并且有助于你高效地解决问题。

工作不是说换就能换的，一个人准备得越充分，就越容易找到适合自己的工作。跨行业不换岗位这种跳槽方式的难点在于人们需要适应一个新的行业。这不仅代表着原有的操作技能和思维方式面临更新迭代，也代表着求职者需要加深对于新行业的认知和理解。只有借助一些择业技巧，求职者才能够真正意义上通过跨行业不换岗位成就更好的职业人生。

正确的跳槽姿势之跨行业换岗位

跳槽的另一高难度动作在于完全推翻自己之前的职业经历，既跨行业也换岗位。

我大学毕业之后的第一份工作是在一家世界500强企业做翻译，但是我在一个月之后就辞职了。辞职后，我进入新浪从事市场运营方面的工作。这就属于既跨了行业又换了岗位。可以说，新工作和之前的工作完全不相关。

如果一个求职者想彻底改变自己的职业命运，有必要考虑釜底抽薪，从事另一种性质完全不同的工作。然而在现实生活中，实现釜底抽薪式跳槽非常困难。如果没有行业人脉，没有背景，你怎样才能转型进入一家其他行业的公司呢？既跨行业又换岗位，最关键的一环就是有贵人相助。

在这种跳槽方式的框架内，缺乏相关职业背景和工作经验等问题，会让一个求职者在严格且流程化的招聘环节丧失优势。在一般情况下，这类求职者几乎不可能进入理想的公司。这时候，贵人就是关键所在。如果找到一位愿意为你提供机会的贵人，你也许可以得到面试机会，然后转型进入一家新的公司。所以，真正的贵人应该是在某个领域工作很久、有一定话语权和资源人脉的人。

如何能够找到这样的贵人呢？我推荐几种有效的方法。

■ 投递简历，提高曝光率，最大限度地接触潜在的贵人资源，表达自己转型的意愿，寻求贵人的帮助。

去面试是一种好办法。如果你通过面试见到一家公司的中层或者高层管理者，向他们表达自己的转型意愿，他们是愿意对人才施以援手的。我的第一位贵人是时任微博读书频道运营总监的霍艾言老师。当时我频繁地投递微博读书频道的一个岗位，HR 总是可以在企业邮箱和其他各种招聘渠道看到我，所以给了我一个面试的机会。对于年轻人来讲，频繁刷新简历、积极投递简历，绝对是成本最低的一种创造机会遇见贵人的方法。

我进入互联网公司工作之前，完全没有相关的工作经验。在面试的过程中，我向霍老师积极表达了自己想要加入互联网公司的决心。她当时问的问题我至今记忆犹新——知道什么是 banner（网站页面的横幅广告）吗？听了我的回答之后，她拿出手机，向我展示移动端的广告资源位，以及我应聘的岗位未来要运营什么内容。这一时刻启发了我对互联网的认知，为我打开了新世界的大门。在后续的面试环节中，我积极完成公司要求的各项测试，终于成功进入新浪微博工作。

我的一位读者，也因为频繁刷新简历，积极投递科大讯飞的岗位，进入面试环节。虽然她因为公司发展需求和个人职业愿景不匹配最终未能被录取，但是面试官十分欣赏她的职业态度和个人能力，把她推荐给了另外一家知名的互联网公司——小红书。

由此可见，通过面试环节见到比自己更优秀的人，表达转型的意愿，获得一定的反馈，对于求职者来说大有裨益。

■ 不可轻视社群学习。

我的另一位读者想转型进入互联网金融行业做产品经理，由于缺乏这方面的从业经验，一直犹豫要不要报名参加一位产品讲师的课程。她犹豫的原因是那位讲师的社群学习课程定价 3 999 元，而这笔费用对她来说有点高。她问我这样的情况应该怎样处理。我的回答是：参加那位老师的社群学习课程，不要自己毫无头绪地努力。这位读者参与了社群学习，后来在讲师的推荐下，入职了一家知名的基金公司。

虽然很多人迫于金钱的压力，选择自己每天付出一点努力，慢慢向目标靠近，但是这个过程过于缓慢，而且会有很多不确定因素出现。贵人的帮助非常重要。互联网时代把精英教育和职业教育的市场打开，提高了职场教育的势能，让普通人也可以通过在线教育平台接触职业背景良好的贵人。在接触贵人资源之后，求职者应该抓住机遇，一方面提升自己，一方面尽最大可能寻求贵人的帮助。

常见的社群学习软件上有很多不错的课程，而学习某一课程便可以进入相应的社群中。社群学习是普通上班族接触职场精英的一种相对划算的方式。我自己也是受益者之一。早年我在搜狐视频工作时，经常参加领英的线下活动和线上社群学习，结识了很多职场精英。这些优秀的朋友后来也成为我在职场中的合作伙伴。

■ 多多关注和参与行业论坛、发布会，伺机而动。

我从王潇（潇洒姐）的书里了解到，早年她在经营公关公司的时候曾经遇到一系列难题。当公司暂时没有业务可做时，她就出席包括行业论坛在内的各种商业活动，寻找机会。如果你也想遇到贵人，就把自己放在贵人会出现的场合中。

行业媒体和自媒体平台举办的活动，包括活动行、互动吧、豆瓣同城、行业论坛等，都是不错的渠道。我曾在一次论坛上无意中碰到一位开公司的朋友，当时我正处于职场工作的瓶颈期，就向他说起自己的困境。结果，对方不但给了我中肯的建议，还非常诚恳地邀请我去他的公司工作。

出席行业论坛的大多数都是同行业的人，而同行之中往往最容易出现贵人。这样的人往往拥有丰富的行业资源，所以直接获得他们的支持和认可比自己一味地等待机会出现好很多。你在和贵人交谈的过程中，就算没有获得可以跳槽的平台，也能解决许多职场困惑。

■ 把自己想做的事情做出成绩，赢得贵人的青睐，是最稳妥的方式。

前三种方法虽然都被证明是有效的，但是难免有刻意的嫌疑，一旦用不好很容易被别人贴上目的不纯的标签，引起他人的猜忌和反感。相比之下，以自己的工作成绩吸引贵人是最稳妥、最直接的一种方式。

以这种方式取得成功的例子不在少数。凤凰科技前主编师北宸在入职凤凰科技之前，曾经有过一段裸辞的经历。在裸辞期间，他坚持写科技类文章，在圈子里声名鹊起，最终得到凤凰网高层的赏识，担任凤凰科技的主编。知名女性作家王潇，因为一篇爆火的文章《写在三十岁到来这一天》吸引了时尚集团前总裁苏芒的注意，成为时尚杂志的一名主编。

你想做的事情其实没有你认为的那么难，只要能够落实到具体、可实施的步骤上，坚持下去并取得显著成果，就很有可能吸引到愿意给你机会的贵人。

对于既想跨行又换岗位的求职者来讲，贵人的帮助至关重要，甚至可以让你的职场学习和职业转型事半功倍。如果你想要一个完美的职业转型期，先寻找一个可转型的职业方向，接下来找到贵人，学习他们的理念提升自己或争取他们的推荐，从而顺利进入职场的另一个赛道。

正确的跳槽姿势之不换行业只换岗位

与前两种跳槽方式相比，不换行业只换岗位似乎是最简单的。

现在，很多公司都采用轮岗制并且规定，工作超过几年的员工可以申请内部换岗，一来怕员工因为职业倦怠而选择跳槽，造成人才流失；二来也可以为业务线发展提供新的活力。过去，你在集团市场部负责日常公关业务，现在你可以在集团市场部负责线下活动。或是，过去你在一家汽车公司做销售工作，现在跳槽去了另一家汽车公司做售后服务。这些情况都属于不换行业只换岗位。

不换行业只换岗位是一种常见的跳槽方式。这种跳槽方式的优点在于求职者既可以更好地适应工作内容，又可以提高自己的职业筹码。虽然在做不同的工作，但是求职者已经具备的关于整个行业的知识，有利于其在新的工作中继续培养新的技能。提高自己的职业筹码体现在：待在同一行业的不同岗位，可以帮助职场人完善对于这个行业的整体认知，不断加深个人理解，提高专业能力从而创造更大的价值。

值得注意的是，选择岗位大有门道，求职者千万不可以因为和某个人关系好就进入他的业务线工作，或者只关注高薪的岗位。既然是不换行业只换岗位，求职者在选择岗位时要更为慎重。同样地，这里有一些方法可供参考。

■ 用公式法计算目标岗位的核心价值，选择“价值大于等于当前岗位价值”的新岗位。也就是说，你选择的新岗位一定包含当前岗位的核心业务，而且能让你创造更大的价值。

公式法是42章经①的创始人曲凯提出的一个基础思维模型。为了解释这个模型，他举了一个例子。一位曾就职于麦肯锡的职场人比尔在进入一家互联网公司工作的第一天，就问广告部门的所有人：我们的核心工作公式是什么？当时没有人能回答这个问题。于是，比尔亲自做调研，发现整个部门的核心业务是增加公司的广告收入，并且总结出一个公式——广告收入 = 展现量 × 点击率 × 广告价格。通过这样一个公式，他不仅找到了部门业务的突破点，也找到了自身职业发展的侧重方向。

套用上面的公式，你可以按照“核心考核指标 = A 工作内容 × B 工作内容 × C 工作内容”对你目前的岗位和目标岗位进行内容总

---

① 42章经是北京四十二章经科技有限公司旗下创投圈自媒体。——编者注

结。对比两个公式，你就可以发现目标岗位是否既包含原有岗位的核心业务，又包含加分业务，是否能让你创造更大的价值。如果目标岗位符合这条原则，那么它值得一选。如果不符合这条原则，甚至目标岗位所创造的价值不如原有岗位，那么目标岗位极有可能不是优选。

我从搜狐视频的市场公关岗位到爱奇艺的品牌公关岗位，属于不换行业只换岗位的跳槽模式。两个岗位的业务虽然都具备公关属性，但是侧重方向大有不同。前者侧重于C端（大众端）影响力的传播，后者更注重B端（行业端）影响力的传播。

两个岗位对应的计算公式分别是：

搜狐视频的市场公关岗位：曝光量＝针对C端用户的日常内容撰写×策划线上和线下活动×面向C端用户的媒体、自媒体传播

爱奇艺的品牌公关岗位：曝光量＝高级媒体关系维护×商业分析内容撰写×行业活动统筹策划

不难发现，两个岗位的工作内容都包含内容撰写、活动策划以及相应的媒体关系维护。但对我而言，后者的核心业务包含且大于前者所能创造的价值。

从媒体关系的层面来讲，前者的媒体关系主要集中于公司内部的资源账号和行业端的娱乐自媒体。由于这部分主要由其他部门负责，我只能和部门同事对接，很难掌握核心的媒体资源。但是，爱奇艺的公关岗位则直接负责维护高级媒体关系。无论是从合作媒体的质量，水平还是直接关系程度来看，后者都比前者有条件让我创造更大的业务价值，也更能够开阔个人眼界。

从内容撰写的层面来讲，后者同样创造了更大的价值。我在搜狐视频工作时撰写的内容偏向公司产品和影视剧传播，以用户的喜好为主，目标是引发受众互动。我在爱奇艺负责撰写的是深度商业文章，在思维逻辑和对行业的认知方面获得很大提升。

最后是互动策划的部分，得益于平台地位，后者的行业活动及逻辑设计水平确实高于前者。

所以，即便在对比一些差距较大的岗位时，我也建议目标岗位至少包含原有岗位的一个核心技能，以便实现连贯的职业技能培养。比如，一名汽车销售人员转做售后服务，他至少要在了解客户需求这个层面有核心技能的重合，才有利于他加深对于整个行业的理解。

如果目标岗位和原有岗位的工作内容相差不大，也没有更大的价值输出，只是薪水更高一点，那么换同一行业内另一家公司的意义不大，而且职场人容易陷入一个困局——工作多年，也换过不少岗位，却总是缺乏工作热情。

■ 在计算岗位核心价值的前提下，寻求同行的引荐是更快接近目标岗位的一种方式。

不换行业只换岗位虽然是比较简单的跳槽方式，但是也存在一定的职业风险。如果没有人引荐，没有几年相关工作经验和行业口碑作为信任的基础，那么求职者也很难轻易得到目标岗位。因此，我们需要寻找合适的同行或同事作引荐。

什么样的人才是合适的引荐者？

行业口碑不错，所在公司有背书价值，和目标公司有深厚关系，公司的内部员工。

不要小看行业口碑。如果一个行业口碑不佳的人做你的推荐人，即便你最终如愿进入目标公司工作，也会无形中受到不好的影响。比如，公司先入为主，因为对引荐者的态度怀疑你的能力，或者不给予你足够的重视。我曾经经历过这样的事情。当一个朋友把一个他认为非常优秀的人推荐到我的公司时，我曾陷入尴尬的境地，因为这位引荐者是一个积极肯干但工作不得法的人。我下意识地怀疑他介绍的人是不是和他一样。所以，引荐者的个人信誉、行业口碑总是在无形中影响你的职业发展和前途。如果你的引荐者空有热情但是能力不足、口碑不佳，你要尽可能地以委婉的方式谢绝对方的帮助。

引荐者的信用值也非常重要。如果引荐者在行业内还没有做出显著成绩，或者因为默默无闻也谈不上口碑，那么他背后的公司就是最好的背书。一个高端公司的员工的引荐，往往比其他低端渠道的助力更大。比如，当你想进入一家创业公司时，这家公司的投资人引荐你更容易引起公司招聘人员的重视。所以，你在选择引荐人时也要适当留意他的职业背景，尽可能选择所在公司知名度较高的人。

除此之外，引荐者和目标公司的关系同样值得关注。关系越密切，引荐越容易成功。之前，正是由于一家知名互联网猎头公司CEO的推荐，我才顺利进入微播易的面试环节。当时对方和这家公司的关系非常密切，负责为它输送高质量的人才。从这个角度来看，获得他的引荐一定比联系其他普通猎头更容易让我成功入选。现实情况也确实如此，这家公司为我减免了一些面试流程，我得以直接进入最终面试环节。

最后，如果你实在搞不懂引荐这门学问，找目标公司的员工引荐也是不错的方式。一旦优质人才通过公司的内推渠道被录用，推荐的员工也会得到一定的奖金。

找准个人技能与目标岗位的结合点，提前准备目标岗位需要的职业知识，有利于你在面试中拿出充分的证据证明自己可以胜任目标岗位。至于如何做足功课，你可以提前通过正在做这项工作的人了解目标岗位的工作职责和核心业务，并以最快的速度掌握行业术语。内部人员的反馈会指导你准确地学习和提升。在短时间内，这比你只看行业报告的效率高太多。另外，你在学习的同时需要注意学习成果，特别是你可以分享给面试官的想法。

打个比方，你准备参加一个新媒体运营岗位的面试，之前从未从事过相关工作。在和一些新媒体运营人员交谈之后，你得知对于这个岗位来说最重要的是内容撰写能力。接下来，你的任务就是通过集中阅读和参加专业培训的方式提升自己的撰写能力。最重要的是，你要有所产出，即写出阅读量不错的文章。这就是你在面试的时证明自己能力的证据。再加上你之前也在这个行业里工作，有一些其他的资源和专业视角，可以在面试环节获得加分，那么不换行业只换岗位的成功概率也会更大。

跳槽是一个复杂的话题，而选择岗位是一门精密的学问。作为局中人，求职者有时候未必能机关算尽，但是掌握更多辨别岗位信息的技巧，做最充分的准备，让你离找到理想的岗位更近一步。

高效简历写作法

关于简历的写法，各家各有所长，互联网上相关的课程也不在少数。我和其他几位在国内顶尖互联网公司工作的朋友也曾就简历的问题达成一些共识，下面分享给大家。

■ **一张好看的公关照。**

注意，是公关照而不是证件照。公关照和证件照的区别在于，公关照不一定是正面免冠照片，可以包含抱肩、侧身或叉腰等动作，总之要通过肢体语言传达一个人的气场。这一点可以参考领英上一些外企职场精英的照片。

相比之下，一些证件照则过于正规，俗气的西装搭配白衬衣，再加上僵硬的姿势和笑容，更容易显得求职者木讷呆板。一些 HR 甚至会根据求职者的照片判断他的认知水平、审美水平、能力水平。一张好的照片能够给招聘人员留下深刻的印象，也是敲开职场大门的第一步。

■ **为每一个申请的岗位制作一份简历，不要用一份一成不变的简历多次投递。**

我和很多朋友在这一点上尤其有共识。求职者必须针对每一个岗位，重新制作一份符合岗位要求的简历。只有如此，你才能够最大限度地把握机会。本来有一些岗位非常适合你，但是你填写了不相关的工作经历，会让招聘者产生你不符合他们的招聘要求的错觉。所以在没有明确的求职方向时，你最好为每一个即将投递的岗位重新制作一份简历。

我在进入新浪工作之前，至少写了 50 份简历。在制作简历时，把自己的经历与目标岗位的招聘要求进行匹配，更能让招聘者直观地看到你应聘该岗位的诚意，这样你才能真正意义上把握绝佳的面试机会。

■ 研究目标岗位的招聘信息，按照对方的预期整理简历。如果没有相关经历就开始学习。

很多人问过我，如何呈现自己的经历才能让别人觉得自己是一个合适的人选。接下来，我以腾讯的一个招聘岗位为例对这个问题进行阐述。

腾讯微视高级公关总监岗位招聘需求

工作职责：

负责事业群部分产品的日常公关事务。

围绕该事业群产品进行公关体系建设及统筹管理，负责 KPI 设定并对效果负责。

负责搜集整理产品日常动态信息，挖掘提炼产品的传播新闻点。

参与制定产品的全年公关传播策略，并独立制订日常公关传播计划及新闻选题与稿件策划的工作。

负责日常产品新闻稿件的策划、撰写和发布工作。

负责产品危机公关应对工作。

任职要求：

本科及以上学历。

5 年及以上公关或媒体从业经验。

新闻敏感性强，能够敏锐把握媒体舆论环境、媒体选题需求。

具备优秀的公关传播策划能力和文字功底，可独立完成公关文章的策划及撰写。

对移动互联网行业有深入了解和分析经历的可优先考虑。

梳理每一条职位需求，对照你过往的经历，在简历内容上强化你与该岗位的匹配度，很容易给招聘者留下深刻印象。以我为例，我会根据对方岗位强调的几个重点展开。对方岗位的重点是：日常公关传播、公关体系建设、新闻稿件撰写、媒介资源发布、危机公关。另外，这个岗位负责腾讯的一款视频产品——微视，所以与视频相关的经历也要写进去。这样一来，我在爱奇艺的工作经历可以写成：

负责爱奇艺网络电视剧、网络大电影、网络综艺对行业端的日常公关传播。具体工作包括根据新闻热点完成策划，撰写日常文案，运营爱奇艺的公众号。

构建有行业影响力，传播有效的公关体系，制定事业部及部门 KPI，有效策划、执行日常新闻传播和行业活动。主导策划“行业影响力”一年 12 场活动、发布对应行业的白皮书。有效构建行业产业战线联盟，成功构建产业上下游一体公关传播体系，塑造公司品牌形象和行业领导力。

掌握大量行业媒体、科技、娱乐等媒体资源以及明星工作室资源。有效策划全年活动，如“爱奇艺世界·大会”“尖叫之夜”等重大项目，工作包含热点策划，新闻撰写，制定有效的媒介策略等，以实现精准高效的战略宣传效果。

参与处理一系列危机公关事件，如原著作者被侵权事件（蒋胜男，《芈月传》）等。

这时候我们可以发现，写好简历最重要的一点就是研究对方的岗位需要什么，比照自己的工作履历做总结，最大限度地贴合对方的用人需求。当然，以上我的经历都是真实的。有的职场人在写简历时面临的最大问题是没有对方要求的工作经历。别灰心，尽量基于你现有的资源和能力挖掘出与目标岗位的契合点，哪怕只有一点，也可以按照岗位需求重点提升自己这方面的认知和能力。

■ 简历的基本组成：个人信息、自我评价、工作经历、项目经验、所获奖项等。

关于简历的格式，合理地将各部分分栏处理比论文式的长篇大论要好。每一个分栏，尽可能用数字标出条目以达到整洁清晰的视觉效果。自我评价的内容可以参考任职要求去写。我们仍然以上述微视公关总监的任职要求为例：

本科及以上学历。

5 年及以上公关或媒体从业经验。

新闻敏感性强，能够敏锐把握媒体舆论环境、媒体选题需求。

具备优秀的公关传播策划能力，可独立完成文章策划及撰写，具备一定的文字功底。

对移动互联网行业有深入了解和分析经历的可优先考虑。

逐条对应之后，我在自我评价那一栏写出如下内容：

5 年互联网公关行业从业经验。

具有极强的新闻敏感度，可以独立完成文章的撰写和策划。

先后任职于新浪、搜狐、爱奇艺三家大型互联网公司，操盘多个知名传播项目，熟练掌握互联网营销公关知识。

一些和目标岗位无关的履历不要写在简历里。比如说，你想应聘的是娱乐公关岗位，那么在银行的实习经历就不太相关。如果在校期间取得的成绩和荣誉太过久远，你也可以考虑不写进去。不相关的经历和奖项会降低整个简历的专业性，不利于突出重点。当招聘人员发现你做了太多和岗位无关的事情时，他可能会质疑你的专业能力。如果你在工作满一年之后还把简历的重点放在学校活动上，他会觉得你在工作时没有创造太大的价值，而且还没有从学生思维里跳脱出来。

■ 下载好看的模板，不要因为只用表格软件简单地做了一份简历而被人忽视。

事实证明，有设计感的简历往往比纯黑白的简历更有吸引力。

很多平台，比如金山 WPS（办公软件）、创客贴、五百丁等，都有专为面试者设计的简历模板。这些模板既实用又美观。

除此之外，简历中不要出现错别字，以“姓名 + 应聘岗位名称”命名最佳，尽量不要用 QQ 邮箱作为联系方式。如果发电子邮件，记得将简历添加到正文。尽量使用 PDF 格式，避免出现简历格式错乱的情况。

好看的简历让你脱颖而出，相比之下，过于粗糙的简历模板则无形之中减分。简历就像你应聘一家公司时的一张身份证，你的思维方式、审美水平、个人经历都在上面有所体现，所以值得你认真地对待每一个细节。

以上是简历的写法，我希望你能把找工作当成一项乐趣，好好打磨你的简历，以便快速获得面试反馈，最终找到理想的工作。

满意薪资谈判技巧

职场人最担心的问题之一就是如何在求职时谈妥一份让自己满意的薪资。从企业运营的角度来看，公司希望以相对低的成本雇用高级人才。但是从个人角度来看，每个人都希望得到更高的薪水。这是雇主与应聘者的矛盾点之一。作为职场人，如何在薪资谈判中说服公司提供更高的薪资呢？

在提出薪资问题之前，你需要明白这样一个道理——如果想拿到高薪，你就要展示自己具备拿到这份薪资的能力。证明这一能力的方式不外乎两种，一种是工作能力，一种是过去的薪资水平。

最能体现工作能力的一点是你对一个行业的理解和拥有的战略高度，这离不开你平时的经验积累以及工作中实际的操盘能力。简而言之，你不仅要听得懂对方说的专业术语和操作方法，还要有属于自己的行业见解和思考。如果目前能力有限，最起码也要为了面试提前搜集行业信息，形成一些关于行业岗位和所需技能的认知以及商业剖析的观点。

我在应聘360公司（奇虎360科技公司）的公关总监一职时，对方的副总裁问了我一个问题：你如何看待目前智能硬件这个行业，你对于在整个互联网大格局下，做好技术层面的公关，塑造良好的公司形象有什么想法？

这是非常典型的测试战略高度的开放式面试题。通过你的回答，面试官可以了解你对于行业的整体认知以及相关知识储备，从而判断你是否具备一定的战略高度。这个问题对我而言有些难度，因为我对智能硬件和网络安全所知甚少，但是好在我之前读过其创始人周鸿祎所写的《颠覆者：周鸿祎自传》，也曾经从科技达人万能的大熊的文章里了解过这家公司。

所以我从构建新品牌形象的角度入手，提出了以“深”和“广”为特点的二维推广模式。“做深”即扩大品牌的行业影响力，整合目前技术业务线上的重点项目，基于重点项目中的重点专利进行理论输出，形成企业独有的产品技术理论体系并进行战略传播，比如以组织产业战线联盟等多种形式进行定期的专业输出，有效造福该产业链上下游的公司。“做广”主要是梳理企业文化战略，重新定位目前公司完全依托技术的形象，借助先进的媒体平台，比如抖音、微博、yoo 视频等，进行大众端的互动宣传。

以这样的思路，我成功地把话题从技术端口转成启发式探讨，甚至转移到我更擅长的娱乐营销和行业影响力范畴。只有展示出自己与目标岗位、目标薪资匹配的工作能力，你才有可能得到一份预期的薪资。如果你在面试过程中显得没有底气，只能说出诸如“没有这方面的准备，不过我可以学”之类的话，那么面试官很可能觉得你能力不足，更别提洽谈高薪的问题了。

想要高薪，除了展示工作能力，你还可以展示自己过往的职业待遇，但是要基于事实，不能过于夸张。公司在招聘人才时，只会选择与岗位要求匹配的人，而不会招聘一个专员资质的人做总监。所以，公司一般不会主动提出为你支付原有工资几倍的薪水，而是基于你原有的工资水平做一定幅度的上调。

你的谈吐和认知直接影响着面试官的判断。如果你想拿高薪的话，可以从工作潜能和证明自己已经有能力拿到高薪这两方面入手，给予面试官一定的心理暗示。如果你表现得过分谦卑，对方不会觉得你是真的谦虚，相反只会认为你在要求高于你实际工作能力的薪水，这不利于谈判成功。

通过以上分析，求职者应该如何正确地洽谈薪资问题呢？

■ 在面试之前弄清楚目标公司的职级所对应的价值区间，争取符合自己预期的薪资上限。

每个公司都有与一个职级相对应的价值区间。比如，爱奇艺 P6

职级的薪资上限是月薪13 000元，腾讯M3.2管理岗位的薪资上限是月薪25 000元。

了解你目前的工作年限和资历所对应的职级，以及该职级薪资的上限，在洽谈薪资的时候，你会更有把握洽谈成功。一来，某一职级的薪资上限尚在人力部门的预算之内；二来，薪资上限也是符合你预期的高薪。所以，在面试之前最重要的一步就是弄清楚目标公司的职级所对应的价值区间。

如何能够搜集薪资范围信息呢？你既可以利用脉脉等职场社交软件向公司内部的HR询问，也可以向猎聘网上的猎头咨询。这两类人往往对各个岗位的薪资水平有比较清晰的认知。除此之外，向目标公司的员工打听也是个不错的方法。

之前有一家互联网公司曾表示想招聘我做公关总监，我通过这家公司的副总裁了解到他们这个岗位的薪资水平低于我当时在爱奇艺的薪资，因此没有接受面试邀请，节约了双方的时间。

想要在洽谈薪资时占据有利地位，提前获取内部信息总是没有错的。了解自己在一家公司处于一个怎样的位置，以及这个位置的薪资区间是多少，是决定你是否选择一家公司的前提，也是谈成高薪的前提。

■ 在洽谈薪资的时候，给予对方充分的证据。

在洽谈薪资的过程中，你需要给对方充分的证据证明你的价值。展现你已经有得到高薪的能力便是强有力的证据。

比如我曾经面试过一位开口就要15 000元月薪的新媒体编辑，而她在这之前只工作过一年。我当时对她说：“你要求的工资着实太高，毕竟你刚工作了一年。”对方沉着淡定地向我展示了她的工作结果——从0到1运营一个企业公众号，在3个月内策划了3次创意活动，公众号粉丝量上涨15万。同时她证明自己不仅擅长H5（移动端的传播载体）制作，还擅长做创意动画。当她把具体的数据以及操作方法展示在我的面前时，我开始认真思考她的价值。

美团的销售副总裁飞乔曾经对我说，一个公司根据岗位的可替代性和岗位对组织的杠杆作用大小，决定用什么水平的薪资雇用该岗位的人。以计算机组件来形容，处在硬盘部门的人，3个人干5个人的活，拿4个人的钱；处在CPU（中央处理器）和内存部门的人，5个人干4个人的活，拿5个人的钱。

这一位来应聘的新媒体编辑，既能做内容方面的工作，又能策划活动，既能做设计，又能有效促进用户增长。她一个人可以顶替至少两个人的工作，她的薪资要求的确值得考虑。

所以，在面试的时候展示你能拿高薪的证据是打动对方的最好办法。

■ **坚守对薪资的要求，放弃给不起钱的公司。**

很多人宁可降低薪资也要进一家公司，也有不少人接受了与原有薪资持平的工资。我个人的建议是，如果你勤奋好学并且掌握了不少核心技能，不要以降薪的条件进入一家公司，否则你会感到委屈。一旦委屈的情绪形成干扰，极容易破坏你的工作体验、打击职场学习意愿。

不要低薪进入理想的公司，放弃那些给不起钱的公司。当你抱着这样的心态参加面试的时候，整个人会变得更加自信，而不是因为求职心切暴露自己的弱点。明明对方已经很看中你的条件，却迟迟不肯给你录用通知，这时候对方的招聘人员可能会从各个角度试探你对薪资的底线。

同样是我的个人案例，我曾经在接受腾讯公司面试的过程中，因为对方没有给到预期的薪资，最终放弃了这家公司，选择了爱奇艺。在这一过程中，腾讯公司的招聘人员也曾多次联系我，向我解释原因，比如公司确实受制于经济形势问题，再加上我的工作年限比较短，对他们来说，这是能够争取到的最高薪资了。即便如此，我还是拒绝了。

在此之前，我曾经被一家公司的 HR 说服，最终以降薪的条件进入一家公司。虽然我很喜欢那份工作，但当面临很大的生活压力时，我开始后悔自己的决定。最重要的是，从入职那天起，这种委屈的情绪就伴随着我。

当然，平常心也很重要。如果你坚持找工作，一定会找到的，但是一个让人备感委屈而且错误的开始，会折损你的信念和意志。所以，你要敢于放弃那些不能给你预期薪资的公司，然后专心致志地寻找适合自己的行业、领域、公司类型和岗位。

掌握好洽谈薪资的技巧，不但可以帮助我们争取到一个合理的高薪，更能够从薪资的角度引导我们树立正确的职业技能学习心态，精准地找到切入点。

如何设置正确的职业目标?

我在搜狐视频工作的时候，曾经有一位积极热情的下属，其他同事也很喜欢她，但做事时总是没有结果。对于你分配给她的任务，她总是爽快地说："我明天上午就能完成。"但是等到第二天上午，这个任务已被她抛到脑后，一切如同没有发生一般。或者，明明早上开会的时候已经确认过一遍的事情，等到具体执行的时候，她又要找各个部门重新确认一遍，执行效率非常低。因为这样的工作习惯，她没有按时完成月度工作目标和季度工作目标，最终不到半年就被裁员了。

像她这样的人在公司里不在少数，聚会、玩耍、撑场面样样都行，但是具体执行工作任务时就会出现纰漏，所以也被称为"人人喜欢，但是对公司没有用的人"。如何能够成为一个使命必达，对他人守信用的人呢?

以下几个方法是我在工作过程中摸索出来，并且认为值得尝试的。

■ 专注于做好一件事。 等一件事做好之后再去做另外一件事，放弃自己做不过来的事情。

很多人被认为不靠谱，并不是因为其本性恶劣。他们想做的事情太多，给别人的承诺太多，但是一个人的时间和精力是有限的。这么一来，他们允诺的事情无法全部兑现。长此以往，不仅自己在其他人心中的信誉受损，自己也因为没有完成预期目标而变得没有自信。

改善这种情况最有用的方法是自律，而最有效的自律方法就是一件事一件事地做，做完一件事再去做另一件事情。如果很多事情堆积着等你做，你总会在做一件事的时候思考其他的事情或者被其他事情打断。在开始做事之前，你不妨花点时间，把所有要做的事情罗列出来，增加一个分派任务的环节。有一些工作是可以分派出去给别人处理的，这样你可以最大限度地节约时间，提升工作效率。

保证自己能够高度专注在一件事情的方法还有在固定的时间做固定的事情。比如每天早上 7∶00~8∶00 读英语，量变引起质变，你最终会变成英语高手。

我非常喜欢手机应用得到上张慧老师讲的疏解焦虑工作法："未来是非常不确定的，如果能够从不确定的时间里匀出固定的时间去做确定的事情，这件事的结果就是可以确定的。你要知道，任何事情的成功步骤都是"决定做一件事—机械地重复—修正方法继续重复"。

想要集中精力做一件事，你还需要放弃一些自己做不过来，或者因为过于急迫，不能保质保量地完成的事情。如果工作中主管突然分派了很多任务，问你多长时间可以完成，那么当你想说"明天给你"的时候，一定要下意识地增加 1~2 天的时间。这就相当于给自己设置了一个缓冲期。降低别人对你的期待，也就降低了对自己的失望。如果时间和精力实在不允许，你应该拒绝一些任务，可以尝试和别人讲"我当下确实没有时间"或者"如果要做的话，我至少也要几天之后才能给你，你看可以吗”。

拒绝承担不了的责任是对工作效率的一种保证。虽然看上去我们损失了一定的金钱回报和上司对自己的满意度，但是从长期的工作结果来看，这是明智的选择。拒绝承担不了的责任，你不会将自己束缚在过多的工作承诺里，你的工作体验自然会变得更好。

■ 尝试在一秒钟之内说出自己的业绩目标。如果说不出来，你可以利用三步法向上司确认核心目标和关键任务。

如果你能够一秒钟说出自己的业务目标，代表你已经理解了这项工作的核心要点。如果不能，你还没有理解上司让你完成工作的要旨，执行起来往往事倍功半。这时候，你需要及时向上司确认工作的核心目标和关键任务。

OKR 工作法（目标与关键结果法）里有一条我非常喜欢——确定工作的核心目标。所有事情都为核心目标服务，而关键任务就是对于完成目标来说最核心的事情。比如，你的上司希望你完成维护用户增长的任务，因为最近公司的流量流失严重，急需通过运营手段增加公众号的粉丝数，从而培养更多潜在客户。

这时候你需要利用三步法确定核心目标和关键任务。

第一步：把含糊的问题具体化。

你可以以这样的方式询问上司：“老板，目前我们每个月大概流失 3 万用户，您让我解决的核心问题是不是降低流失率？还是需要我们暂且不管正在流失的用户，着重去做拉新活动，把现在每日新增 1 万粉丝的目标提升到 2 万~3 万？”

老板说：“两者都很重要，先解决流失率的问题，你研究一下，然后拿出一个方案。”这时候你就知道，在拉新和维稳之间，老板尤为重视的是维稳。

第二步：把目标数字化，确定你的核心目标。

你可以通过调研同行业其他公司的用户流失率，提出一个具体的指标建议，比如把目前每天 3 万的用户流失量降到 1 万。

第三步：统计可用资源，设计执行步骤。

你可以尝试把所有能够帮助你实现这个目标的可用资源统计一下，比如需要撰写用户调查问卷，需要运营团队的支持，等等。然后，确定操作步骤：先了解用户为什么流失，然后根据用户的反馈提供新形式的互动内容，最后要求运营团队配合做好相应的用户运营工作。于是，整个工作的任务和步骤变得更加清晰、更加明确。

如果你担心在执行的过程中被其他事情干扰，原定的做事节奏被破坏，不妨尝试每天写一遍工作的核心目标和关键任务。这不仅有利于时刻提醒你要做的事情，也有利于你保持高度的专注和警惕，完成为核心目标服务的关键任务。

■ 科学地设定时间限制。 想象一下在限制时间内无法完成目标的后果，以此督促自己抓紧时间完成核心目标。

设定时间限制非常有必要。在毕业之前，我写下自己的目标：在未来 3 年内进入行业内顶尖的公司，出书并在全国签售。这个目标在我工作第 3 年的时候已经实现——我在爱奇艺担任公关经理，出版了《你怎样过一天，就怎样过一生》，并进行全国签售。

很多读者问我：为什么你能够在规定的时间内完成人生规划和目标？我的秘诀就是设定时间限制。设定完成目标的时间是有技巧的。科学的时间设定应该是递进式的，从年到季度、到月、到周。

我一般以5年为期限设定人生目标，比如在5年之内成为行业顶尖人才。对我而言，3年是确定基本方向以及掌握行业基本逻辑方法的期限。2014年，我许诺在未来3年之内，进入行业顶尖公司的最核心部门，成为职业作家。这一愿景拆解成年度目标是这样的：

2014年核心目标：找工作，物色最满意的公司。

2015年核心目标：学习互联网读书行业的公关知识。

2016年核心目标：转型进入互联网视频公司从事公关工作。

2017年核心目标：进入顶尖公司，成功出书并完成全国签售。

每年的核心目标都为最终目标服务，能有效地督促我抓紧时间完成每一件该做的事。比如，既然要在未来3年之内进入顶尖公司工作，我就需要时刻关注顶尖公司的招聘信息，不断地提升自己的能力以符合顶尖公司的招聘标准。

根据年度核心目标，我再将其拆解成季度和月度目标。成为职场作家的目标，拆解成季度目标就是一个季度要写多少篇文章，积累多少粉丝。进而拆分成月度目标，我每个月要写多少篇文章，实现多少粉丝积累。于是，我在电脑桌面上建立了一个文件夹，里面存放每一年的核心目标文件夹，点进去之后是每个季度、每个月的子文件夹，最后落实到每天的任务文档。我一般一个月才重新调整一次计划，因为过于频繁的调整容易打乱节奏。

然而，在现实生活中，很多人常常遇到设定目标之后却无法完成的情况。针对这种情况，我的建议是观察一下没有完成目标的后果。对我而言，完成目标带来巨大的成就感可以提升我的自信。如果没完成目标，我就会陷入痛苦和自责之中。为了避免没完成目标所带来的挫败感，我会保持紧迫感，积极地完成目标。

使命必达的品质对职场人来说非常重要。我希望上述的方法能够帮助你重新建立使命必达的工作习惯，成为一个被别人尊重的职场人。

第三章

像特工一样搜集信息，像总统一样决策

像特工一样找工作

在知名产品讲师梁宁的课程里，有一个关于选择的论述——点线面体的战略选择。她举了一个生动的例子：一对双胞胎于 2010 年从同一所大学毕业，一个人选择进入报社工作，另一个人选择进入刚刚起步的腾讯公司工作。7 年之后，他们之间有怎样的差异呢？答案是，前者因所在报社倒闭，从头再来，后者持有腾讯公司的股票，年薪百万。

这就是选择的奥义——资质差不多的人因为不同的选择而走上截然不同的人生道路，人生结果也截然不同。而做选择的奥义就在于点线面体的战略选择——每个人都是独立的个体，是一个点，这个点的际遇如何，在于它所在的线上，也就是我们选择的职业，至于再往上走能不能发展得好，这取决于我们背后的行业是否平稳发展。

由此可见，一个好的职业选择，一个成功的职业人生，最终可以落实到对行业的选择上面。一个行业是否呈现高速发展的趋势，是否有潜力，决定了在这个行业里工作的个体的发展上限。所以，求职者在找工作时要遵循的准则不是进大公司，不是找一个传统观念里好的工作岗位，而是寻找一个向上发展的行业。

如何从普通职场人的视角找准这样的行业呢？

■ 深耕于一个行业，研究它的走势，从而判断新的行业趋势。

有一句经典的职场名言：10 年后，我们都不会再做眼下的事情。的确没有任何一个行业是一成不变的。

选择一个高速发展的行业未必在一开始就能实现，我们可以通过切换到更快的赛道加以实现。

我在采访《金融时报》的董事长张延老师时，她说，报纸行业已经发展多年，经历过很多次变革，从最开始的纸质报纸，到后来的互联网资讯，再到移动资讯，再到科技更新带动的社交资讯。尽管有形式和风口的变化，报纸的本质依然如初——传递新闻。一个资深的从业者总会有工作机会，这要求你必须深耕于一个行业，辨别它的发展趋势，然后适时切换到更快的赛道上，成就自己，而不是站在外围思考如何选择。

这山望着那山高是一定不行的。我在 2014 年加入新浪的微博读书频道。当时，传统的出版行业备受打压，鸡汤文学陷入疲软期，影视小说 IP（知识产权）收购滞缓，很多 IP 刚完成交易就报废了。可以说，那时候简直是整个读书行业的低谷期。但是，随着微信公众号、知识付费、短视频经济等科技平台和技术的产生，读书行业从一个低谷的状态发展到了巅峰。大批量的工具书，以“课程 + 书籍”售卖的形式，在抖音等多个平台传播开来，又重新带动了书籍的销量。与此同时，随着终端产品的成熟，电子书市场也火热起来。整个读书行业又重新开始走上坡路。我也是在那个时候辨别出视频是未来行业发展的一大趋势，所以在短视频元年——2015 年跳槽到搜狐视频。

只有深耕于一个行业，不断学习这个行业的知识，全面了解这个行业的信息，你才能够辨别出新的发展趋势。所以，你不要急着嫌弃自己当下的工作，觉得自己当下的境遇动荡不安，只要能够深耕于一个行业，你总会发现更好的机会。

■ **密切关注行业媒体发布的信息。**

媒体分为很多种，我们阅读的大部分新闻，都来自大众媒体，以民生资讯为主。我们也称之为 C 端资讯传播。

行业人士想提升自身专业度，有效把控行业趋势，有必要关注自己所在行业的行业媒体，尤其是深度的商业分析文章。我是互联网泛娱乐行业的从业者，在互联网创业层面，我会关注 36Kr、创业邦、42 章经等自媒体账号；在泛娱乐方面，我会关注娱乐资本论、三声、传媒内参等行业端商业分析媒体；从互联网教育的角度出发，我会关注新榜、小鹅通、阿拉丁等专注于做商业分析的自媒体。以上都是商业分析的自媒体，其中创投板块更值得关注。

确定你所在的行业，关注在那个行业内做商业深度分析的媒体、自媒体帐号，掌握精准的行业信息，从而进行行业判断。

■ **同行是最宝贵的资源。**

同行是一切职场关系里最宝贵的资源。现在互联网行业的招聘大都是圈子内招聘，如果你不属于某一个圈子，可能很难获取这个圈子内部的招聘信息。

关系型社会的含义也在此体现。人们工作越久越会发现，比起自己一点一点去寻找目标，靠谱朋友的推荐才最省时省力。比如，我曾经想招聘一位新媒体运营负责人，花了很多时间在招聘网站和我们的公众号里寻找合适的人选，但是来应聘的人都不尽如人意。后来，我找到百度公司的一位运营总监，让他帮我介绍一个靠谱的人，对方推荐的人在通过面试后很快入职，目前这个人的工作业绩非常好。一个专业又靠谱的朋友，一直深入研究一个行业，在某方面有自己的专业见解和输出，他结交的人终究不会差到哪里去。

读到这里，很多还没有圈子的职场人可能觉得这个理论有失偏颇，但是不得不承认，这就是职场现实。不管你最初如何通过自己的努力得到一个岗位，你都需要知道，随着你的职位越来越高，经验越来越丰富，你已经不能再像年轻的时候一样付出那么多的时间精力去大海捞针般寻找机会，而需要借助关联社交和圈子社交，或者靠谱朋友的推荐获取岗位信息。很多机会就是如此被掌握在手里的，这也是成年人越来越优秀的表现之一。

所以，同行是非常重要的资源，你有必要和同行构建起强有力的连接，和同行共享一些有信息差的资讯，形成自己的朋友圈。这些都有助于你获取一手的行业信息。

甄选行业是一个非常重要的课题。一个人的职业发展前景在很大程度上取决于他对一个行业的分析和判断。

“面霸”经验谈

我有一位朋友在某知名歌手的唱片公司工作。在入职的那天她欢天喜地，没过多久公司却出了问题，她也被迫离职。她哭丧着脸说："真的是被坑了，看来名人也不一定靠谱。"在此之前，她有过三次被公司坑的经历。第一次，她就职的某知名创业公司在C轮融资的时候倒闭了。第二次，她在某知名的大公司工作，因为业务线发展不好被裁员了。第三次，她在一家国企做互联网方面的工作，因为工资过低，主动离职了。最近一次被坑的经历就是在这位名人的唱片公司了。

也许不少人都和我这位朋友一样有过被公司坑的经历，要么因为选不到靠谱的公司，要么因为自己做不长久。长时间的职业选择失败，对身心健康极为不利，很容易让一个人陷入自我怀疑、情绪低迷，严重的话甚至会引发焦虑症、抑郁症。

我曾经参加过100多家公司的面试，见识过各种各样不靠谱的公司，也经历过很多次"画大饼"的诱惑，但是落实到职业选择上，最终还是选择了稳定、靠谱的公司。

基于经验教训，下面我分享一些辨别公司的方法：

■ 看办公环境——阳光充足、崭新的办公环境，有利于职场人培养昂扬的精神状态。

看办公环境是辨别公司好坏的直接方法之一。当你走进一家公司时，发现它坐落在一个很破旧的写字楼里，办公室里完全没有任何装饰，光线阴暗，那么一定不要选这家公司。从企业运营的角度来讲，如果一家公司真的有钱，一定不会租赁各方面条件很差的办公楼，也不会对办公室内的装饰不上心，毕竟为员工营造良好的工作氛围也是公司的职责之一。往坏了想，上面这家公司的业绩也许很差并且不考虑员工的生存状态，没有企业文化向心力。这样的公司吸引不来优质的人才。一旦进去这家公司，你非常有可能面临一系列不想应对的职场问题。

人和植物一样，需要良好的环境，需要晒太阳。办公环境决定了求职者对一家公司的最直观感受，不可小觑。

■ **看领导者的状态——别信他说什么，看他做什么。**

我在最初参加面试的时候，觉得很多70后、80后面试官的做法不够成熟。他们抓住年轻人犹豫不决的择业心理，说一些欣赏你的好话，试图以较低的薪资雇用你。我经常听到他们夸张地描述自己公司的丰功伟绩，展示自己的公司多么有发展前景，可是他们展现在我面前的却是满脸倦容、过时的穿着以及拮据感。这个时候，你不要相信他们说的话，而是看他们在做什么。

在职场生活里最难掩饰的是人的不幸感。一个没有职业幸福感可言的人，展现不出良好的精神风貌。这样的人往往自欺欺人，觉得自己表现得天衣无缝，但是求职者只要稍加留意，便能洞穿表象，看到本质。

一个优秀的商业人应该知道，良好的谈吐、精神风貌、穿着打扮都是在避免商业谈判中过多的解释，足以在最短的时间内说明一些问题。世界上存在富有却低调的人和幸福却平淡的人。所以，观察你的未来上司，如果他真的过得好，是可以看出来的。如果他展示不出什么正面信息，那么就算这个人口若悬河，这家公司也依旧不值得追随。

■ **看公司的商业模式——理念一致才能选择。**

了解一家公司的商业模式，就是了解整个公司的运作模式，也是判断它是否有发展前景的依据。所谓的商业模式就是一家公司到底靠什么赚钱。

很多互联网公司在一开始的时候都凭借优厚的资本“圈地”，却无力维持之后的生存。很多职场人不加辨别地进入这样的公司之后，一旦公司的现金流出现问题，就会像上文提到的那位公司突然倒闭的朋友那样，面临职业危机。

关于一家公司的商业模式、品牌定位、整体战略，求职者都可以在面试环节进行询问。了解这些有利于我们判断一家公司是否匹配个人发展愿景。我的一位读者曾经拒绝了腾讯社交广告部门的录用通知，他对我讲：“我是认可这个模式的，也觉得这条业务线未来大有可为，但是我不想从事广告服务，更多地希望自己未来能够从事科技媒体相关的工作，所以拒绝了它。”

所以，了解一家公司的商业模式和主要业务，可以判断出它的发展前景以及和自己的匹配程度。这是我们选好工作的重中之重。

■ 看同事的素质和水平。

人和人之间是有气场的。不同性格的上司也喜欢不同性格的下属。观察部门同事的行事风格，你就能大致辨别这家公司的文化氛围和领导的行事风格。比较强势的领导者一般不喜欢和自己同样强势的人，也不喜欢野心过大的人，因此他们在挑选下属时，一般偏向那种认真仔细、不热衷于表达的。在他们看来，这样的人能够在很多方面听从指挥、配合工作。比较温和的上司一般喜欢狼性的下属，因为他们能够披荆斩棘，提升部门业绩。对生活品质和人员品质有要求的上司，一般比较喜欢留学生和审美水平高的人。

每个领导者的经历不同，喜欢的职员风格也不同。每个公司创始人的风格就是这家公司的风格，领导者的风格就是一个部门的风格。求职者选工作时，就要选择和自己风格相似的环境，或者自己向往的环境，这样才真正有利于自己的职业发展，不至于在处理同事关系上浪费过多的时间。

以上是选择公司的一些窍门。工作很好找，但是靠谱的、和你契合的公司却不一定有很多。掌握这些技巧，大胆排除掉不适合自己的公司，你就能在较短时间内找到相对完美的工作。

选对了岗位才能加速前进

我在 TEDx 的演讲里曾经说过一句话：真正好的职业都是目前我们这个水平的人的脑子里不知道的。如果你要寻找好的职业，那么去找那些新产生的，超出你的固有认知的岗位，就是不错的思路。借这句话，我试图启发当下的年轻人跳脱自己的固有认知选择一份职业。完全按照自己的认知找工作是非常不靠谱的做法，如果你想找到好的工作，一定要挑战自己的固有认知。

举个具体的例子。我的咨询者里有一位名为马丁的留学生，他非常优秀，从国内的“985”“211”大学毕业，在四大投行之一工作 5 年。另一位名为明伟的读者，和马丁的工作年限相同，却是一位身份、背景普通的职场人。前者光芒四射，名校、名企、“海归”、精英各种标签贴在身上，月薪 2 万元。后者没有任何光环，在一家小公司从事用户增长业务，后来因为业绩好被提拔为这家公司的主管，目前月薪 4 万元，已经晋升为公司合伙人，拿到公司的股份。为什么背景差距很大，看上去能力也不在一个水平的人，在选择不同的职业道路后，后者反而会比前者拥有更好的发展和更高的薪资呢？

这其中的关键在于后者的岗位是社会上新产生的、市场急需但是人员不足的岗位。这样的岗位对于大部分人来讲是一个绝佳的机会，也是逆袭的突破口，而前者的岗位只是已经成型的大公司里的体面工作。薪资高低往往和行业的发展情况直接挂钩，一个岗位的薪资标准，主要取决于市场上这类人才的稀缺程度，即这类人才的专业技能对行业发展的贡献程度。

随着中国社会不断进步，科技不断变革，新的机会也层出不穷。很多老一辈人眼里的好工作，早就已经过时，不仅薪资不高，行业规范教条僵化，发展前景也极为受限。所以，最佳的职业选择有时候反而是那些新产生的、市场急缺的岗位。那么，如何找到这样的岗位呢？

■ 抛开恐惧心理，研究你想从事的行业以及适合你的岗位，重点留意之前不知道的岗位。

我在过去 4 年的职业咨询生涯中发现，影响大部分职场人找到好工作的核心因素是恐惧心理。当我告诉读者去搜集信息、了解更好的职业时，他们的反应却是不敢了解那些大公司。“我觉得我能力不够，就算去了解了，人家也不会要我。我又进不去那家公司，为什么要了解呢?”这就是大部分人找不到理想工作的原因——他们觉得自己配不上，所以也不愿意去了解。

我在泰国旅行的时候，所在的旅行团里有一位举家移民澳大利亚的团员。我偶然问起他怎样才能移民，他的一句话非常启发我：“不管有没有钱，有没有移民资格，首先你得去了解移民需要什么条件。知道相关要求之后再去一点点做准备，早晚有一天能做成。任何事情都是这样，如果连问都不问，也不去了解，那就彻底没有希望了。”职业选择也是如此，如果你都不了解有哪些高级的岗位，以及其中有没有哪些岗位适合你，你怎么可能找到它呢?

找工作时最重要的一点就是突破恐惧心理，放下“我不行”的想法。你应该给自己足够的勇气去研究大公司，研究一家大公司胜过研究 10 家初创公司，因为大公司的业务线比较完备，代表着行业的顶尖水平，当然也意味着更多可能的机会。对于普通职场人来讲，研究你感兴趣的行业里那些不曾听闻的岗位更有价值，这些岗位往往代表着市场最新的需求。

接下来，我来揭示研究岗位名称对我们来说到底有什么用处。答案是，岗位名称可以帮你选择同行业、同类型的公司开启求职之路。同行业、同类型公司、相同岗位的业务大同小异。虽然资源渠道有很大的区别，但是选择相同岗位作为入门不成问题。只有先入门一个行业，求职者才能在这个行业中稳扎稳打，一步一步进入该行业内顶尖的公司。

举例来说，你可能暂时进不了携程从事店铺运营，但是你可以选择马蜂窝的店铺运营岗位。虽然平台大小有所不同，但是行业和领域极为相似，做的业务也极为相似，你能够学到的东西、掌握的资源、进入的同行圈子都大同小异。

所以，抛开恐惧心理，大胆研究那些社会新产生的、超出我们认知范围的岗位，是找到理想岗位的关键。

■ 不同行业里相同名称的岗位大多在做完全不同的事情，所以在找工作的时候一定要给岗位加上行业的限制。

如今社会分工十分细致，不同行业的相同岗位大有不同。房地产公司的公关岗位和互联网泛娱乐公司的公关岗位必然做着完全不同的事情。前者多数从属于行政部门，负责处理公司的行政业务，比如安排领导出席活动和接待工作等。后者多数在市场部，负责策划传播事件，撰写日常对外的传播文稿和方案。

二者在具体的工作方向上也有很大的区别，前者和房地产行业打交道，接触的媒体资源也都集中在这个领域，而后者更多地负责和明星娱乐相关的传播项目。如果不给一个岗位加上行业限制，求职者非常容易陷入认知混乱和选择障碍。

你本来以为一个岗位非常适合你，在深入了解之后却发现自己并不喜欢，很可能就是因为选择的时候没有加上行业限制。比如你在搜集信息的时候发现自己很喜欢腾讯公司公关岗位的工作内容，于是觉得自己非常适合公关岗位。这时候，滴滴出行邀请你做公关专员，你欣然接受。入职之后你才知道，名称相同的两个岗位完全不同，而自己也不适应另一个方向的工作内容。如果你能够在发现自己喜欢腾讯视频的公关岗位时，加上一个行业的限制——互联网视频，结果会截然不同。

即便哔哩哔哩（国内知名的视频弹幕网站）、搜狐视频、优酷、爱奇艺等平台的公关岗位有各自的侧重点，整体上的核心业务仍然逃不出互联网视频范围。你接触的岗位职能和资源大同小异，不会在入职之后形成心理落差。而且，在限制行业和领域之后，可选的公司变少了，也能够避免选择障碍。

选择岗位是求职的最后一步，也是整个求职过程最后的归属和核心。只有精准选择在新时代条件下适合自己的岗位，你才能够规划好自己的职业生涯。

稳准狠提升所需职业技能

我曾经约见拉勾网 CMO（市场总监）鲍艾乐，听她聊到早年做职场分享的事情。她说经常有年轻职场人问她这样一类问题——在不想弥补自身短板的情况下，如何做到名利双收？

“我是专科学历，用人单位都要求本科以上学历，我如何才能够加入大公司？”

“我从业 5 年，没有互联网公司相关工作经验，如何进入好的互联网公司？”

……

艾乐苦笑着说，每次听到这样的问题，她都感到非常无奈。一方面，她想告诉他们一个连小学生都懂的道理——一分耕耘，一分收获，另一方面，她也深知没有成年人愿意听这样的道理，因为逃避短板、快速追求名利是人性。对于在城市生活的大部分成年人来讲，他们已经不屑于等待和积累，也不想去改变短板，他们想要的是立刻解决问题，得到财富和地位。

是什么让人们对稳步提升失去耐心？通过我的读者完成的调查问卷，我吃惊地发现，得票最多选项的竟然是年龄！很多读者在留言中写道：

“我已经30岁了，没有那么多的时间慢慢努力了。”

“我已经有孩子了，没有那么多精力放在工作上了。”

……

我曾经问过一位1995年出生的大学毕业生：“30岁对她而言意味着什么？”她说：“如果一个人30岁的时候仍然一事无成，代表这个人太没有用了。”我又问她：“为什么30岁时一事无成就是没有用呢？”她回答道：“因为这代表一个人到了30岁还没有摸清楚成功的一些规律，这个人要么太笨，要么虚度年华，浪费时间。”

所谓的年龄节点一到，人们因为自己荒废了时间而感到愧疚，最终在焦虑中失去了耐心，陷入更深层次的恶性循环。有哪些思维逻辑是你在30岁之前必须掌握的？以下是我和团队采访100位公司高管之后最终汇总出来的结论。我希望这些思路能够帮助你迅速掌握实现目标的浅层逻辑以及控制焦虑的方法。

■ **脚踏实地，提供自己的最直接价值。**

问问自己，你最直接的价值是什么？

每一个有抱负的人都想完成一件宏伟的事情，比如一步到位进入最顶尖的公司，一下子转型成功，或者短期内成为行业翘楚。但是，只有学会售卖自己最直接价值的人，才能真正意义上快速成长起来。

然而，不少人却对自己擅长的事情嗤之以鼻。公关公司的人往往不觉得自己掌握的媒体资源足以引以为傲："这有什么啊，在我们这个行业工作的人都有啊。"一些技术人员会说："我拥有的这些技术有什么了不起啊，谁都可以有啊。"他们看不起的这些技能，对于有需求的客户群体来说恰恰是稀缺的资源。其实，专业技能有非常好的市场，甚至可以为技能拥有者带来巨大的财富。

有一次，我和百度百科的运营经理去大连出差，见到了百度的一位渠道供应商。通过整合搜索端媒体资源提升用户留存这项技能，在该行业本来并不稀奇，但是供应商老板却瞄准了中小企业市场，靠接几百元的订单，一年获得了1 000多万元的利润。小打卡的创始人徐佳义在解释产品思维时提到一个"产品—渠道—销售—反馈"的循环。如果你把自己的技能当成产品，即便是非常简单的技能，只要能优化渠道，抵达客户端，完成销售，获得反馈，持续优化自己的产品，就可以构建强大的客户群、形成竞争壁垒，从而创造价值。

直接价值是最具有价值的事情。无论何时，想做任何事情，你都不要只聚焦在伟大的愿景上，或者寄希望于所谓的机会和风口，而是要考虑自己的直接价值。基于直接价值所创造的利润就是一切机会的开始。或许当下的价值很小，但是只要不断精进，一旦获得机会，你的进步指日可待。

■ **做一件事的核心在于理解这件事的逻辑。**

很多职场人的失败在于不了解商业模式或者做一件事的科学逻辑。例如，如果你想发行一本杂志，但是完全不知道杂志发行的科学运营方法和商业逻辑，那么几乎很难创造利润。2015 年的时候，我认识了《男人装》执行主编王晓枫。我问了她一个直接而犀利的问题："杂志靠什么赚钱?"她解释道，杂志是一种媒介，媒介存在的意义是辐射相应的受众，而各种产品都需要有相应的媒介才能够抵达各自的受众。所以，杂志的收入在很大程度上来自广告和品牌溢价。一个杂志品牌代表了一种权威和认可。很多人买杂志或者寻求广告合作不完全是屈服于杂志的销量，而是敬畏它的权威。

媒体人的思维是如何能够在现有的市场格局下把一件事情做得既华丽又高级，从而树立自己的品牌影响力并吸引广告主。毕竟，广告主投放的一个广告带来的利润可能是实物销售利润的几倍。

理解一项工作的逻辑，终究就是理解这项工作为什么这么做，靠什么赚钱。如果最终的理解无法落实到现实中，那么逻辑就不清楚。如果你不能把握一项工作最关键的部分，就无从得知如何努力才最有用。任何事情都有逻辑，做任何事情都有方法。只有掌握最精准的方法和最基本的商业逻辑，你才能有的放矢，才能稳准狠地做成一件事。

■ 提升个人势能 = 努力提升日常曝光 + 展现你的核心价值 + 争取同行业的认可。

个人势能是个很有魔力的东西。职场经验告诉我，小公司和大公司的人际圈提供的视野完全不同。我出书之后的人际关系和圈子发生了很大的变化，经营公司之后更是如此。提升个人势能的核心是展现你的核心价值，把你的技能标签最大化，然后获得行业平台和行业人物的支持。

个人势能的提升有助于你先人一步被认可。比如，某公司要招聘一个娱乐营销方向的公关负责人，来自爱奇艺和另一家不知名的广告公司的员工前来应聘，该公司很大程度上更愿意聘用经过大公司正规训练，拥有最大化资源，有渠道的人。所以每个人在做职业选择的时候，不要把个人喜好放在第一位，而要把个人势能放在第一位。

就像考大学填报志愿一样，你是选择自己喜欢的专业但是水平一般的大学，还是选择一所有名气的大学呢？当然是选择有名气的大学。这个平台能够给你更多机会，提升你的势能，而且你在毕业找工作时不一定要专业对口。

另外，在选择互联网行业的综艺宣传岗位时，最能够提升你势能的公司可能不是一些大的平台，而是行业公认的在某一方面实力很强的小公司。选择这样的公司培养自己的宣传发行技能，也同样是提升个人势能的一种方式。

■ 为一件事持续付出努力，才能够测算出自己的极限。

一个持续努力的人可以测出自己的极限。比如每天都投入在一件事情上，你可以测出自己从 0 到 1 掌握一项技能的时间期限。

就我而言，如果我学习一项复杂且陌生的技能，每天花 1 个小时，3 个月之后可实现跨越式提升，基本掌握这项技能，甚至还能基于该项技能爆发点创意。如果不持续观察自己从量变到质变的过程花费了多少时间，那么你很难找到自己的学习规律，反而沉浸在自以为是的状态中。

2017 年我创立了自己的第一家品牌战略公司，并且发现完整地执行一个项目需要我付出一个半月的时间。这段时间去掉沟通交流的时间，平均下来，我每天会花 5 个小时做逻辑构建、事件策划的工作，因为我的极限是一个半月。测出自己的体能和脑力极限之后，我不会再去做一些不考虑时间和精力成本的事情。与此同时，我和我的团队当时拒绝了很多虽然赚钱但是时间成本消耗过高的项目，因为我们知道自己的极限所在。

总之，知道自己的极限一定和持续努力的过程脱不开关系。

■ **稳定的人脉关系 = 最直接价值带来的受益关系。**

我是做品牌公关项目出身，又一直在顶尖的互联网公司工作，所以有一个独特的职业优势——和高水平的人打交道。这些年，我发现最稳定的人脉关系其实来源于最直接价值带来的受益关系。对于大部分职场人而言，最稳定的人际关系来自工作关系，其中两个渠道最为靠谱：猎头和工作中的受益关系。为什么来自这两个渠道的人非常靠谱、优秀、稳定呢？因为这是你通过最直接价值获取的人际关系。

猎头帮助你用最直接价值找工作。我通过猎头认识了很多公司的 CEO 以及中层管理者。无论是他们的业务能力还是专业能力，都让我有所受益。我现在关系最好的闺蜜，也曾是我当时的面试官之一。

工作关系带来的是一些在同一行业、同一领域的优质朋友。这么多年以来，我觉得我最优秀的朋友都是工作中遇到的专业人士。这也是由最直接价值所带来的受益关系。

经常会有读者问我怎么去拓展自己的圈子，结交优秀的人。我的建议比较直接——利用你的最直接价值进入最好的公司，获得更好的工作机会，在专业领域内构建稳定的人际关系。如果实现了这一点，你的视野将完全不同。

在 30 岁之前掌握以上职场思路，将会助你在职业选择过程中少走弯路。一分耕耘，一分收获，最难得的是在职业年龄渐长的情况下，依旧保持一颗踏实进取的心。

如何让机会找到你?

我在为华为的一位高级财务总监提供职业咨询服务的时候，她说："你的机会比我多很多，因为你有品牌，而我没有。你想啊，你不仅过去在顶尖公司工作，还是这个领域的职场作家。你可以以多重身份拓展人际圈，了解很多事情。我现在想要转型去其他公司就非常困难，而且也没有什么信息渠道。"她的一番话让我意识到，对于职场人而言，只努力工作是不够的，还需要构建自己的行业影响力和受众影响力，让更多人认识你、认可你，这样才能获得更多机会。

从品牌公关、IP 营销的专业角度来讲，我有一些关于职场人如何有效梳理自己的职业品牌，以及如何扩大自己的职业影响力的思考。

我个人一直在互联网泛娱乐行业工作，新浪、搜狐视频、爱奇艺三家公司都属于整个泛娱乐领域的头部公司。泛娱乐指基于互联网与移动互联网的多领域共生，打造 IP 内容产品的粉丝经济，其核心是 IP，可以是一个故事、一个角色或者其他任何大量用户喜爱的事物。目前，泛娱乐集游戏、视频、明星、电商等多位一体，是已经打破行业边界的娱乐产业系统。我目睹了《欢乐颂》《太阳的后裔》《三生三世十里桃花》等泛娱乐领域的现象级 IP 项目。在整个互联网泛娱乐发展的过程中，我先后经历了从 C 端到 B 端的公关挑战，从面向大众传播到服务于产业经济的业务转变。

同时，我注意到，泛娱乐领域在知识付费、社群经济等其他经济形式形成之前，率先提出 IP 品牌打造、粉丝经济的概念模式。泛娱乐领域有很多操盘方法值得其他行业借鉴，诸如如何打造明星的“粉丝帝国”。基于整个 IP 进行公关营销，策划全民影响力事件，是比较成熟的影响力打造模式。

下面我将借助几个互联网泛娱乐行业内常见的公关营销方法，为普通职场人提供几条关于如何基于自身优势打造自己的职业影响力的建议。

■ 明确品牌建设的阶段，选择好服务对象，针对服务对象的需求设定传播产品。

对于任何一个在未来有潜在影响力的 IP 来讲，尤其是一些打算商业化经营的 IP 内容，一定是要在早期确定好品牌所处的阶段以及服务的对象。比如网红 papi 酱最初可能出于兴趣制作短视频，但是其公司在投入商业化运作之后，就开始有意识地倾向于自己辐射的用户群体——以大城市的公司白领为主的群体。其生产的话题内容也都围绕着群体的核心用户需求，比如吐槽外企白领中英文混说和朋友借钱不还等问题。这些话题刚好都是这个群体所关注的内容。

对于普通职场人来讲，他需要明确自身现在处于确立品牌的哪一时期，并找准自己精准服务的“用户”。如果用户群体不明确或者年龄差距太大，既不利于有效打造自己的核心势能，也不利于扩大自己的职场影响力。

我以一名职场作家的身份写文章时只有 24 岁，出书的时候只有 25 岁。我写的大多数文章都在探讨毫无经验的年轻人如何进入大公司。相应地，这些文章辐射的用户就是工作 0~3 年的职场人。鉴于我当时的年纪和眼界，我的个人品牌无法辐射到工作 10 年以上的职场人。所以我明确自己必须在现阶段放弃那些不属于自己的用户，即使他们可能更有钱，更有传播价值。这就是我树立个人品牌的原则——集中力量在一个群体里产生影响力，专注于生产自己用户需要了解的内容，提供核心的服务产品。产品可以是内容，可以是书籍，可以是你擅长的任何事情，总之是一个既让其他人受用又可以产生价值的服务。在积累了一定的粉丝量之后，我就可以逐步提升自己辐射用户的范围。目前，我开始考虑逐步辐射到工作 0~5 年的职场用户了。

普通职场人想塑造自己的职业影响力，首先要选择自己在职场中想要辐射的用户群体。如果你是一名商务人员，想涉足所有的商务领域，并且在短时间内制造广泛、全面的影响力，几乎不太可能。你必须集中于一个领域，服务一种类别的客户，迅速做出成绩，之后再向其他方面进行拓展。

根据用户群体的需求产出价值服务和内容，是制造自己行业影响力的第一步。

■ 衡量 IP 能量的三个指标：粉丝量、粉丝付费转化率、潜在的衍生品开发能力。

对于互联网泛娱乐行业来讲，衡量一个 IP 是否有商业价值的三个指标分别是是粉丝量、粉丝付费转化率、潜在的衍生品开发能力。《名侦探柯南》作为一个影响力长达十几年的 IP，它的商业价值很高不是没有道理的。第一，粉丝基数庞大。很多80 后、90 后，甚至00 后都是主角柯南的粉丝。第二，粉丝付费转化率极高。《名侦探柯南》的漫画、番剧、电影等每年创收高达 10 亿元。第三，《名侦探柯南》的周边产品，比如海报、文具、光盘、手办等，也受漫画迷争相追捧。

对于个人来讲，你如果想有效地构建自己的行业影响力，塑造自己的职业品牌，也需要从这几方面入手——你的粉丝有多少，他们的付费形式是什么，以及你未来的衍生品是什么。进而，你的问题是如何提高自己的粉丝量，如何让自己的粉丝为自己付费，以及如何设计自己的衍生品。

一位在腾讯做行业分析的读者，在行业的内知名度很高。虽然从事行业分析的大有人在，他却格外有名。他的战略也是从辐射粉丝的角度出发，要求自己辐射的粉丝是互联网行业公关从业者。最初他写博客，后来写微博，再之后开始经营知识星球（一个知识和社群平台）账号。自始至终，他围绕用户群体的需求，把在工作时获得的一些项目经验和见解分享出去。现在，他的粉丝大量聚集在知识星球上。为了获取更多粉丝，他常年举办产业端行业分析沙龙，从线下和线上双向吸引新的用户流量。只用了一年多的时间，他精准吸纳产业端粉丝 1 万人。

产业端 1 万人的价值远远高于 10 万普通用户。每个产业端用户的人脉圈子又精准地对应一个用户圈层。比如，一位娱乐营销人士的朋友圈里多数也是该产业链上下游的人，如果他转发一篇文章，辐射的用户群体就是业内人士，这比辐射普通用户的价值高太多。

如何让粉丝为自己付费呢？除了提供符合他们需求的价值内容之外，也要培养他们的付费习惯。这位读者跟我讲，他从来不提供免费的咨询服务，所有的内容都必须通过知识星球付费。他设计的衍生品相对简单，比如每年推出 2~3 套可以反复购买的在线课程。

增加粉丝量，设计开发潜在衍生品，引导粉丝为服务付费，不仅有利于提高粉丝群体的黏性，而且有利于扩大自己的职业影响力。

■ 借助商业化团队运作孵化 IP，找准时机进行跨产业链合作，实现价值最大化。

所有想扩大势能的 IP 产品都需要有互动环节，从而找准时机进行跨产业链合作。比如，《盗墓笔记》作为一部低成本制作的 IP 网络剧，却创造了 7 家广告主联合冠名，35 家广告主投放广告的奇迹。抢先投放广告的王老吉成为最大赢家，以“怕上火，喝王老吉”的口号和千万元冠名费就获得 20 亿左右的流量。《盗墓笔记》网络剧还通过和实体产业结合，生产联合冠名商品，从而扩大品牌知名度。这就是跨行业营销。找准时机的跨界营销是一种提升影响力的有效方式。

对于普通的职场人来讲，如果要提升个人影响力，一定要注意寻求对外合作，特别是一些有助于实现势能转化的跨界平台。比如，一个喜欢写作的职场人，不应该只在封闭的小圈子里写作，而应该选择更为广阔的平台，获得一定的流量支持。这便相当于借助跨界力量达到个人势能最大化。值得一提的是，塑造影响力的过程就是团队协作的过程。如果凡事亲力亲为，你很难迅速塑造自己的行业影响力，所以你要组建自己的团队，保证有人和你一起运作你打造的模式。

■ 常见的提升个人势能的方式：提高曝光率。

提升个人势能和曝光率有很大的关系。找准自己的用户群体以及能够辐射他们的渠道，选择和这些渠道合作，将会精准地提升你的曝光率。如何找到这样的渠道呢？你的核心受众群就是答案所在。他们日常关注的公众号、活动或者其他内容，往往就是你提升个人势能的突破口。

除了日常曝光之外，精准的大事件曝光对提高曝光率也很有效。如果你出版了一本书，有 100 家媒体同时对这件事进行报道，这就属于大事件曝光。同理，作为普通职场人的你策划一个活动，邀请所有你认识的权威人士出席，在活动结束后请他们发朋友圈支援，也是集中曝光的一种形式。

综上所述，这些关于塑造职业影响力的方法可以帮助我们在行业内或者公司里塑造个人的专业影响力，提升在职场的晋升速度，创造更大的价值和更多的财富，突破职业发展瓶颈期。

第四章

同行的人比到达的地方更重要

不要把自己定义为新人

一位读者向我哭诉她的经历——部门主管让她独立负责一个项目，她却没有完成好，被主管当着全公司员工的面通报批评。她觉得非常委屈，自己分明就是一个刚工作没多久的人啊，做错事情很正常，领导为什么要这么对待她呢？她觉得领导派给她很重要的工作，但是又不教她如何去做，这是领导的问题。之后，她在背地里说了很多关于公司和上司的坏话，而这些话迅速传到领导的耳朵里。没过多久，她收到了一封离职劝退书，理由是公司业务缩减，不允许部分人影响团队团结。

在职场中，一直都有一个容易让领导和员工双方产生矛盾的话题：经验不足的职场人如何深度学习并快速取得结果？刚入职的人总觉得应该有人教自己怎么做，应该有标准的方法让自己借鉴。他们会说“我是新人，我需要人教，我做不好很正常”或者“你都不会这项业务，你凭什么做我领导？”而上层的想法是“社会不是学校，你来这里是为了工作，创造价值，如果什么事情都要我手把手教你，我招聘你进来干什么？”站在不同的立场上，双方各执一词。

那么，在没有人手把手教你的情况下，自己如何快速学习、快速完成工作，同时快速理解上司的意图呢？以下这几个思路可以帮助你渡过这一职场难关。

■ 没有人教，代表你发挥的余地很大。与其抱怨，你更应该看到机会所在。

个人职场发展可以用一个游戏用语来形容——抢位置。

我在刚工作的时候读到一本书叫《格局逆袭：普通人的制胜之道》，为一些观点所触动——“屁股决定脑袋”，你在什么位置上，就遇到什么样的人，享受什么样的视野和资源。在职场中，一个人的位置影响着他的眼界和发挥空间。

很多职场新人和职场转型人都会犯的一个毛病，是强调能力而忽略位置和机会。他们总是认为，其他人比自己更有能力，应该有人教自己怎么去做，否则自己很难胜任眼下的工作。他们却没有意识到，机会比能力更重要，无数有能力的人因为没有机会最终被埋没。

占据一个位置，就能够享有这个位置带来的资源和眼界。能在好的环境里学习并获得能力提升的人，比有能力却没有机会进步的人要强百倍。比如，一个公司只能有一个品牌总监，谁先占据这个位置，谁就能享有这个位置所带来的利好。如果该岗位没有招聘需求，那么再有能力的人也束手无策。所以，当没有人教你如何工作的时候，你更应该快速学习工作方法，高效地完成工作，稳稳地占据自己的位置。

很多在BAT（指百度公司、阿里巴巴集团、腾讯公司）成功升职带团队的朋友，都是因为自己先独立完成了一些项目，后来又借助团队的力量完成了更大的项目，最终成功升职。当你处在新的业务线上或着手处理新的项目时，没有人有义务手把手教你，你要靠自己摸索岗位业务，这一过程中往往潜藏着巨大的发挥余地和升职机会。

如果你一味地抱怨，一味地表达自己能力不行，一味地要求有人教你，那么只会给别人留下不好的印象。无形之中，晋升之路就被自己封死了。与其抱怨，你不如看到机会，哪怕真的暂时无法胜任某一职位，也要让别人看到你的学习能力和办事能力。

■ 管理层的主要任务是服务于公司发展的核心目标，管理员工，而不是学习具体业务。

如果一个身处管理层的人不去学习管理的逻辑，而是每天在具体又琐碎的业务上亲力亲为，那么不仅没有办法给新人机会，同时他所带领的团队在效率上也会差强人意。很多职场人抱怨领导者的能力不行，甚至觉得领导者的业务能力不如自己，急于取而代之。过度自大会导致职场人忽视对上级的尊重和自我学习，使其变得封闭且偏激，最终只能因愤懑不平而离职，或者继续待在基层岗位怨天尤人。

你需要意识到每个人都不是完美的，身居高位的人也是如此，所以你只需做好本分，形成良好的工作习惯和思维方式。

在大公司，很多部门已经发展得成熟完备，人员流动不大，而能招聘新员工进去的部门往往是新业务部门。新业务部门通常会选取一些有领导能力的人，让他们寻找有经验或有能力的人组成团队，以完成工作。领导者更多地负责规划战略层面的任务目标。执行人员需要明白的是，你进入一家公司是为了用自己的智慧解决问题，而不是为了找到一位在业务层面指导你的导师。

你的领导或许没那么懂具体业务，但他懂得更深层次的公司发展逻辑和部门的核心考察标准。正是因为如此，你才有机会得到他的信任和依赖，你的职场价值才能获得提升。

■ 具备一种突破恐惧的信念——通过学习和独立思考可以解决一切问题。

在职场中最常见的恐惧心理，是担心自己因为做不好工作而受到上司的批评，惶惶不可终日。

我曾经开除过一位实习生，因为他在工作过程中缺乏主动思考的能力。如果职场人在工作中沦为一个不用思考的傀儡，只会执行别人的决策，那么他永远积累不到资源，且无法独立解决问题，可能在公司干了好多年还待在基层岗位。

职场人需要有一种信念来指导他们面对恐惧。我在一刻 talks 演讲时发表过这样一条观点：女性缺乏一种类似于信念的新方法论帮助她们直面恐惧。在职场信念方法论中，你必须坚守一个信条，而这个信条必须能够支撑你解决大部分的问题。目前我觉得比较好用的信念是——坚信学习和独立思考可以解决一切问题。

有一段时间，助理经常问我如何写活动方案，我反问她："为什么你不先用百度搜索出 10 个活动方案的写法呢?"先看 10 个活动方案的写法，然后自己临摹一个出来，这就是最简单的通过学习和独立思考解决问题的方法。在和荔枝微课的创始人聊天的时候，他说了一句让我记忆深刻的话：无论你想解决什么问题，都可以先尝试借助已经成功解决这个问题的人的思维模型进行思考。先复制、学习他人的做法，然后有针对性地调整细节，这是有效的学习路径。

通过学习，你可以解决工作中的大部分问题。只有坚信依靠自己的学习能力解决问题，你才能够突破恐惧，行动起来。

■ 深度学习 5 步骤：明确目标，掌控资源，制定策略，开始实行，总结成功的经验。

关于如何深度学习，我的方法有 5 步。

明确目标：明确最终目的是什么。

掌控资源：了解什么样的人能够提供帮助。

制定策略：研究别人的成功方案，分析学习，然后根据自身的实际情况制订个人方案。

开始实行：抓紧时间，迅速行动，在实施的过程中及时调整错误之处。

总结成功的经验：把每一次学习和实践中积累的有效思维方式和行动方法记录下来。

把每项工作当成一个独立的项目，按照以上步骤制订一个学习和工作双管齐下的方案，这往往可以帮助职场人掌握解决问题的要点。也就是说，职场人应先深度学习，积累工作方法，之后再发挥创造力。

助理跟我交流她的苦恼时说，自己学的内容传播形式都是别人用剩下的，没有什么创新点，以致她非常焦虑。我告诉她："很多事情都是一点一点积累起来的。背单词要一个一个地背，渠道也要一个一个地积累。这个过程或许看上去微不足道，但一个月、两个月后你将会收获良好的学习效果。你可以每天学习一个已有的传播形式，当你掌握 10 个模式的时候，或许就能够创造一个独特的内容传播形式。”

长年累月的职场学习会给职场人带来积极的影响，所以不要因为目标过于庞大而放弃眼下可以做到的积累。千里之行，始于足下。对于职场新人和职场转型的人说讲，上述这些方法有望助力他们打破职场死循环，融入新的工作环境，体验高质量的职场生活。

老板不会说给你听的那些事

我曾在北京人民广播电台担任常驻职场嘉宾。在节目录制期间，经常有听众拨打热线电话提问。

“为什么我的上司总是反复无常？我每天都在做一些零碎的事情，手头的工作内容随着领导的决策变来变去，感觉自己什么都没有积累下来。”

“我的工作特别机械，就像是打杂，看不到一点发展前景，每天都没有激情，自己的时间一直被浪费着，却不知道到底要如何改变。”

“每天细碎的事情特别多，根本没有一整块时间用来学习。我感觉工作一直都在消耗自己，到底要不要离职？”

以上在过往的节目中听众最常问的问题。基于此，我总结出了几种常见的职场思维：

零碎业务 = 打杂 = 没有专业技能提升 = 没有发展前景

没有固定的工作内容 = 公司没有发展前景 = 领导没有领导能力 = 应该离职

职场学习 = 有大块的时间学习一项技能 + 有专业的前辈指导 + 长时间做一项完整的项目 + 有强有力的理论系统

这些职场思维是对是错呢？答案是全错。

束缚职场人取得巨大进步的，从来不是那些他们认为错误的职场理论，而恰恰是他们自认为正确的观念。如果你按照上述三种思维方式在职场中工作，获得的只会是无论自己如何努力都无法取得进步的疑惑与懊恼。这三种思维方式到底错在哪里呢？让我们跳脱出打工者的身份，从公司组建的角度来看一看。

《创新者的窘境》这本书提到了延续性创新和破坏性创新这两种创新危机。一个公司的成立基于在一件小事上赢利，而当一件小事发展成一条业务线的时候，就需要公司拓展更多潜在的业务方向。潜在的业务方向就是创新危机的源头。延续性创新指公司在已有的业务基础上，开发更多优质的产品，获得更高级的用户和更大的市场。破坏性创新指公司生产不那么优质的产品，但可以凭借其价格优势，迅速抢占低端用户市场，获得大批用户的支持。

你可以发现，无论在哪一种创新模式中，经营一个公司的基本逻辑都是稳定已有的市场，然后为不断拓展新的市场创造可能。创造可能的意思就是公司必须不断地试验，而试验代表着：

员工必须要做很多新的、零散的，甚至是之前没有做过的工作。虽然努力，但他们失败的概率仍然非常大。他们并没有任何可供参考的模式，也没有整块的学习时间。

从公司的赢利模式、组成逻辑上来看，上司和公司的决策频繁变动，主要是由公司在发展的过程中进行不确定的试验造成的。探索新的市场对公司的运营来说很有必要，即便是腾讯、百度这样的大公司，每年也会有成百上千个失败的产品。这代表着会有成千上万的员工在公司里做着所谓的打杂工作，频繁地变更工作内容。但是，我们不能说这些人是失败的、不重要的、不具备核心技能的。他们是公司需要的人，他们服务于公司的新生态、发展新方向。开发新方向的确存在很大的失败概率，但是失败是成功之母，也许这样的工作能够让人最大程度地激发自己的潜能，获得一飞冲天的机会。

抖音短视频软件的成功，也只是今日头条一个内部团队尝试的结果。在开发抖音之前，这个团队做了很多模仿国外视频社交平台的产品，都失败了，但是他们一直坚持开发，最终成就了足以匹敌快手的抖音。

可见，在大部分人所说的打杂的、不重要的、没有成就感的工作中，有一些是我们先入为主地做了错误判断，没有看到其中蕴含的潜在机会。

如果你想寻找一个能够让你从事固定工作内容的公司，这代表着你将进入一个格局固化的公司，代价是你的能力提升和格局发展将受到限制。所以，在面对变动的业务和决策时，职场人如果想突破困局，必须把注意力集中在好的一面，从公司运营、部门发展的战略角度进行剖析，最大限度地看清事实。

在任何一个领域，大多是认知水平高的人统领认知水平低的人。你的老板一定在关键的业务上比你更有知识，更有人脉资源，更有管理经验，所以他才能经营一个公司。每一个公司都会建立自己的企业文化，用文化认同感团结员工。但是，几乎没有老板会把自己的职场秘籍和他在这家公司的生存之道向员工娓娓道来。那么，老板不愿意告诉你的那些职场生存法则到底是什么呢？

■ **提升职场技能学习，总结解决个别问题的方法。针对问题解决问题，在解决问题的过程中，学习个人技能，然后总结出体系化的内容，形成行业认知。**

“零碎业务 = 打杂 = 没有专业技能 = 没有发展前景”这个想法大错特错。如果按照这个想法工作，你就会发现现实总是令人失望。基层岗位员工就是负责琐碎的业务，哪怕你在核心的部门做核心的业务，你的业务也都是零散的。所以，你要先学会解决个别问题，每一个问题背后的知识和方法总结起来就是职业技能。很多人错误地认为，职场学习是先学习一套理论体系，再开始工作。这完全是学生思维——先学习课本，再考试。如果你追求这样的学习方式，那么你在一家公司的成长和晋升之路将会十分漫长，而且你会因为掌握的技能不足，陷入拖延工作、逃避问题的恶性循环。

我曾经安排公司的一位编辑做一张美观的微信公众号封面图。她说她不会使用 Photoshop（图片编辑软件），要去学习一下。我问她："你需要多长时间？"她说一周。我说："一个小时就够了，你就模仿现有的模板，学习 Photoshop 的抠图技巧，完成这个工作。"

是的，她根本不需要马上学会那么复杂的 Photoshop 理论体系，只需要针对问题解决问题即可。每针对一个问题学会一种解决方案，职场人就拥有了一项职业技能，长时间积累之后就能形成自己的核心竞争力。

在现实中，职业技能学习尚没有形成理论体系，有的也只是职场人通过解决个别问题逐渐总结出来的经验，在一些新兴的、高速发展的行业中更是如此。所以，想用大块的时间先学习理论体系，想有导师带着自己实践一个项目，这种想法非常不现实。

职场学习是一个动态的学习过程，所以你积累的解决问题的知识和方法会逐渐变成你的技能和长处。

■ 不要试图用一种方法解决所有问题，而要在自己之前的理论和方法的基础上再创新，让自己工作得更高效。

很多看似总结能力很强的人，工作效率却很低，因为他们总是在寻找因果关系，而不注重事情的相关性。我们现在看到的很多头头是道的职业学习技巧和方法，其实都只是建立在相关性之上的总结，而不是因果关系的总结。

相关性和因果关系有很大程度的不同。相关性代表 A 会影响 B，但不一定是直接造成B的原因。因果关系是A直接导致了B。比如，一个新媒体公众号通过选取一些读者喜欢的文章题目，总结出热门文章取标题的规律，这就是非常明显的相关性，而不是因果关系。不是因为取了某一个标题，文章的阅读量才高，很多其他的因素（比如文章推送的时间、是否转载于某个有影响力的公众号、是否赶上了某个热点）也会影响阅读量。

所以，职场人不要在职业学习的过程中过于相信自己总结的规律、方法适用于所有的问题，而应该在总结的基础上做更多尝试，发现事物之间的的相关性。你可以先掌握某一项技能，然后不断地去学习新的技能，做好随时推翻前一种工作方法的准备。

有一个说法是，任何人想要在一个领域内实现卓越必须掌握至少100种思维模型。这100种思维模型也是需要不断积累、不断创新的。一个能够凭借新知识的获取、新经历的反馈，随时推翻自己的固有认知，不断学习的人，将会在某个领域里取得出色的成绩。

试图提炼因果关系而忽略相关性学习的职场人是语言的巨人，行动的矮子。

■ 从提拔管理者角度上，理性看待领导的能力问题，明白管理人和做业务是两件不同的事情。

升职不等同于成为管理者，公司会让懂得管理的人做管理者，让适合做业务的人做业务。那么，管理者是凭借什么被提拔起来的？管理者所扮演的角色是什么？

管理是一门统筹艺术，其核心是将合适的人分配到合适的岗位上，以维持公司的正常运转。我曾就职的新浪、搜狐、爱奇艺三家公司，在提拔管理者的模式上很相似——提拔适合做管理者的人，而不是根据谁业务做得好就提拔谁。这也是为什么在知名的互联网公司的职级体系中，专家是P序列，管理层是M序列——他们分开晋升，分开管理。相同级别的一名管理者和一名专业技术人员拿着相近水平的薪资。

当代企业的管理制度和过去传统企业的管理制度有明显不同，尤其是升职的标准。升职不代表成为管理者去管理团队，有时候只是在职级和薪资方面有所调整。如果一个专业能力很强，但是脾气很差的人进入了管理团队，将会给公司造成很大损失。因此，你若是充满负能量，每天冲着领导和同事发脾气，这恰恰说明你并不适合成为一名管理者，而应该着重在自己的专业领域深耕，利用专业知识获得更高的收入。

还有另一种提拔管理者的模式：公司在开展新业务时，会抽调各个部门的优秀人才，组成一个新的团队开始探索新的业务模式。这代表着新团队中的管理者之前也没有相关业务经验，他也处于摸索的过程中。他的任务所在就是搞清楚团队的核心目标，时刻对接公司的战略发展目标，然后组织有专业技能的人共同完成这件事情。而你或许就是那个有专业技能的人。所以，你不要抱怨领导的业务能力不如你，把领导不懂业务内容当成他没有能力。从管理者的角度来看，他负责找到能够做这件事的人，然后统筹大局，而不是像你一样匍匐在第一线。如果你的领导没有你懂业务，你应该庆幸自己有被倚重的机会。

关于如何正确处理和领导之间的关系，《力量》一书中有这样一个观点：只有你去欣赏他，发自内心地和这位不完美的领导处在同一频率上，他的优点才会渐渐被你吸纳。相反，如果你一直处于对抗状态，不仅不利于自己的职业技能和职业地位的提升，反而容易把对方的负面情绪吸引到自己的身上。关注什么就得到什么，是人们关于吸引力法则的共识。

管理并不是一件轻松的事情，因为人是最不可控的因素。领导并不像很多职场人所想的那样，只会“动动嘴皮子”。当我和脱口秀比赛《我是演说家》的冠军刘媛媛在讨论如何运营一家创业公司时，她说管理让她受尽折磨，管理人实在太消耗精力，恨不能所有的事都要亲力亲为。

我的一位闺蜜，一度担任震惊文化公司的 COO（首席运营官），后来还是回到阿里巴巴集团成为一名专家序列的员工。她说：“管理实在太消耗人的精力，还是做专业的事情更让我有成就感。”

所以，你要理性看待领导的业务能力。同时，从管理的层面理性判断自己是否适合做管理者非常有必要，这决定了你将如何规划适合自己的职业发展道路，如何在最适合自己的路上走得更长远。

职场上有很多不能说的秘密，当你陷入负面情绪难以自拔时，可以试着从公司组建、管理者提拔的角度理性看待自己在公司中的位置，重新审视自己烦恼、焦虑的根源。

学会向他人求助

我在上一本书《你怎样过一天，就怎样过一生》的签售阶段，去了国内很多所大学（特别是知名管理学院的MBA班）以及像龙湖地产这样的知名企业进行新书宣传和签售活动。

其间，我的读者们问得最多的问题之一就是："我只是个普通的员工（或学生），要如何向那些行业大佬求助呢？他们怎么会理我呢？"在大部分职场人看来，干扰自己交流的最大障碍是身份。"我只是一个默默无闻的公司员工，那些行业大佬为什么要搭理我呢？"于是，带着这种想法，职场人不敢打破圈层，不敢走出去和别人交流他们的困惑，又或者由于交流方式不当而受挫时，就迅速退回自己的舒适区。

错误的交流方式和交流心态，耽误了很多真正有才华、有天赋、有能力的人。以下是常见的几种错误的交流方式，你占其中几个？

■ 讨好型：害怕自己说错话，时刻揣摩对方想要听什么，甚至不惜选择说谎。

在面试中见到比自己层级和水平高很多的面试官时，讨好型交流最为常见。当对方问你一个问题时，你为了能得到一份好工作，净说讨好对方的话，同时又因为害怕自己说错，时刻揣摩对方想要听什么答案，造成在表达时频繁出现"嗯""啊"等口头语。伴随着不确定的眼神、不确定的语气，你会给人留下一种不自信的印象。

比如，当面试官问你是否熟练地掌握某一项技能的时候，你眼神躲闪地说："嗯……不是很会，但是我可以学。"有的人为了得到一个机会，甚至还会使用说谎策略。比如，对方问你是否做过某项工作时，你明明没有做过，可是为了给面试官留下好印象，你选择了说谎。

相由心生，语言和表情也同样将我们内心的想法显露无疑。我们内心在想什么，就会在表达的时候表现出什么，哪怕我们故作镇定。如何避免因为讨好型心理而出现表达错误呢？

答案是放松。把交流的过程当成接受反馈的过程。有了反馈，你就可以更好地调整自己。

不要尝试说对方想听的话，而是讲述自己的真实情况，表达真实的想法，接收对方给你的反馈。对方是否给你一个机会并不是最重要的，更重要的是，对方给你一个基于实际情况的有效反馈和建议。抱着这样的心态交流，你会发现面试成功率会提高很多，而且自己也能从每一次对话中获益。我在参加 100 多家公司的面试的过程中，也遇到过很多拒绝我的公司，但是我把每一次拒绝都当成一次有效的反馈，继而积累反馈信息，并根据这些反馈来调整自己，最终才得以成功进入知名的互联网公司工作。

■ 自来熟型：没有意识到自己和公司领导之间的身份区别，习惯性地以对待熟人的方式强势表达自己的看法，对别人缺乏足够的尊重，造成交流效果不佳。

自来熟型的人在交流的过程中很容易引起别人的反感。这样的人通常过于积极和强势，又能折腾，也热衷于表达自己的想法，但是心急则乱，总是给人一种粗鲁或不稳重的感觉。

一位知名自媒体公司的商务人员就曾做过一个错误示范。从事这一类工作的人经常需要和人打交道，免不了自来熟。有一次，对方发给我一份他们公司的合作需求。我看过之后，转交给我们公司的媒介负责人，并且授意他们两位直接联系。可是，对方觉得只要不跟公司领导保持沟通，这件事就办不成。不管三七二十一，他立即拨了一通微信语音通话给我。我挂断之后，紧接着收到了对方发送的一大串文字信息，意在具体阐述他们的合作需求。在我已经把合作洽谈事宜交给具体负责人的情况下，他依然以这种方式在微信上给我留言，不免让人觉得反感。

自来熟的人往往不会在乎身份、地位的差距，毫无顾忌地表达自己的看法，有时候甚至会刻意质问对方，无形之中给人带来一定的思想负担。如果对方的身份地位比较高，对方虽然会感到尴尬，但是又不能粗鲁地拒绝他。这时候对方就会对他产生不好的印象，而这将不利于他寻找机会、寻求合作。

如何避免自来熟型交流造成的一系列后果呢？

站在对方的角度考虑，着重表达自己能为对方带来什么。在和别人交流的过程中，不要过于强烈地表达自己的需求，避免给对方造成压力。如果你能够在表达的时候以数据的形式准确地向对方阐述双方合作能够达到的结果，那会使双方的交流更有效。此外，果断放弃那些没有合作意向的人，与其死缠烂打，不如去开发新的贵人资源。

■ 自卑型：因自己的身份问题感到自卑，不愿意和人交流，即便别人伸出援手，也会犹豫推诿，以致最终浪费机会。

相比于前两种类型，这种类型的交流者最让人同情，同时对交流者的损伤也是最大的。

我的一位读者在腾讯工作，她来找我做职业咨询，原因是自己的工作进入瓶颈期，想离职，又怕离开腾讯之后再也找不到理想的工作，或者无法适应新的工作环境。她把自己束缚在一个内心的牢笼里，无法走出困境。了解到她的困惑和问题之后，我发自内心地希望帮助这样一位优秀却受困于自卑心理的职场女性。在问清楚她所擅长的领域后，我通过朋友给她介绍了一些更高级别的工作岗位，也推荐她参加一些更能开阔视野的活动，可是，对方却几次三番拒绝了。

我不禁开始思考一个问题：为什么明明是需要被帮助的人，却拒绝了别人提供的帮助呢？如果每一个自卑的人都不断地进行自我否定，深陷于焦虑之中，既寻求帮助又害怕改变，那不就是所谓的画地为牢吗？

那么，如何改善自卑型交流带来的失败体验呢？

答案是不对未知的、没有亲身尝试过的事情妄下悲观的判断。如果你担心自己在离开一家公司之后，无法适应新的工作环境，你要提醒自己——这是我没有经历过的事情，不见得就是糟糕的，我不能给自己悲观的心理暗示。如果你困扰于自己只是一个一文不名的小职员，贵人凭什么会理你，你要提醒自己——这是我没有尝试过的事情，我应该试一试才会知道对方的态度。人只对自己经历过的事情才有发言权，一切对于未知的猜测都是自我束缚。

以上是最常见的几种错误的交流方式及其背后的心理成因。如何能够突破圈层壁垒，向贵人寻求帮助呢？正面的自我展示是关键。在第一次交流的过程中，掌握这个方法能够让你给别人留下好的印象，获得别人的青睐。我把这个方法总结为 IENW 法则。

身份（Identity）：确定自己的职业身份，明确自己的价值。

你的身份决定了你能吸引什么样的贵人。

用一句话告诉对方自己是做什么的，向别人暗示自己能提供哪些交换价值，永远是职场社交的第一步。我在找工作、找贵人时的第一步就是明确自己的身份。

如果我的身份是运营人员，那么我既可以吸引对运营感兴趣的人，也可以吸引想要招聘运营人才的高管。如果我的身份是公关人员，就会吸引和公关有关系的人。如果我是职场作家，就会吸引那些有职场困惑的人。

此外，在寻找机会、与贵人交流的时候，我会第一时间亮出自己的职业身份，展示自己的从业经历。比如，如果我以公司职员的身份参加论坛时，遇到同行业其他公司的高层，那么我会说："您好，我是 × ×公司，做 × ×职位的人，很高兴认识您。"如果我以职场作家的身份参加一些活动，我会说："您好，我是职场作家七芊，《你怎样过一天，就怎样过一生》的作者。"

社交表达的第一步是表明自己的身份，但是我发现，当一个人所在的公司不够大牌、所处的职位不够高，甚至连自己都无法认可自己的工作时，他会羞于展示自己在做的事情。这时候，我们需要有意识地塑造自己的职业身份，这就要求你在找工作的时候尽量选择自己认可的工作。如果条件有限，无法找到理想的工作，你要加强关于目标领域的学习，并且展示学习成果。你想吸引什么样的人就要去展示自己那一方面的才华。比如，你想成为一名优秀的运营总监，那么你可以从现在开始写运营方面的文章，并发布在各大媒体平台上或专业人士的圈子里。

《力量》里有一个观点：你是什么样的人，你就吸引什么样的人。这个观点的引申含义就是，你想吸引什么样的人，你就要把自己塑造成相应的样子。

曝光（Exposure）：保持高频率曝光。

只有一个人推荐你可能没有说服力，但是当所有人都推荐你，哪里都能看得见你时，说服力就很强。曝光是非常有必要的，高频率的曝光是建立别人对你的信任的基础。

普通求职者的曝光率从哪里来？

多在招聘网站上发布自己的简历、刷新简历，这样就有更多的HR和猎头能看到你的信息。除了智联招聘、前程无忧等传统招聘网站之外，互联网招聘平台如拉勾网、脉脉、BOSS直聘以及猎聘网也是不错的渠道。我在进入搜狐视频之前，找了不下5个猎头推荐我，以竞聘同一岗位，同时也找了内部员工做我的推荐人，后来我被安排参加面试、被录用的理由是“怎么所有人都推荐你”。

如果想要塑造自己在公司甚至是行业里的影响力，你一定要在流量入口增加曝光率。所谓的流量入口，就是行业内部人士关注的地方，比如行业媒体、行业论坛、行业社群，甚至是公众号等。越是能够在这样的地方保持高频度的曝光，越是能够有效地建立行业知名度和公众信任感。提高曝光率所带来的良好信誉、口碑会让贵人更加尊重你，对你产生好印象，你们的交流也会更加顺畅。

需求（Need）：站在对方的角度，明确表示自己有哪些可交换的价值，并向对方表明你的直接需求。

如果你想让贵人帮助你，就要站在对方的角度思考你能够为对方带来什么利益。凡事讲究交换，当我们寻求一个机会的时候，势必要交换我们相应的价值。

打个比方，你的目标是进入一家知名的互联网公司做记者，你需要一位贵人的引荐。在和贵人熟悉之后，你可以跟贵人这样讲：“很高兴认识您，如果您方便的话，还望您帮我向××公司做引荐，日后在媒体报道这方面，您有需求随时来找我。”这样的说话方式既表明了你的交换价值（提供媒体传播的帮助），同时也表明了你的需求（希望能够被引荐到一家公司）。同时，切记，在寻求贵人帮助的时候，你应该向贵人表达你最直接的需求，不要拐弯抹角。否则，你花了很多钱参加一个商业聚会或一堂专业分享课时，遇到了贵人，却只是向对方表达一句有好感的话，那就得不偿失了。

话术（Words）：身份 + 交换价值 + 需求。

有效的话术能够在第一时间打动对方，给对方留下良好的印象，而 IENW 法则的前三条“身份 + 交换价值 + 直接需求”组成了最后一条话术的内容。

我在准备采访《金融时报》的总裁之前，这样开场：“您好，我是职场作家七芊，同时也是爱奇艺的公关经理，今天非常高兴能见到您。希望日后我有机会采访您，了解您的职业生涯故事，并利用我们目前平台的优势扩大传播，也期待您能够帮我了解《金融时报》的一些岗位信息。不知道对您是否有所打扰。”

身份：职场作家，爱奇艺的公关经理。

交换价值：能够采访职业故事，利用目前平台的优势扩大传播。

需求：帮我了解《金融时报》的一些岗位信息。

这样的话术既包含身份、交换价值，又包含需求，简明扼要地让对方明确你的价值和需要。至于需求是否能够被满足，取决于你在上述三个环节中的准备是否充足，以及对方是否信服你。如果贵人最终没能给你机会，你也可以以此为诫，反思自己在哪一个环节出了问题，进而在下一次与其他人接触的时候修改表达的不当之处。

掌握 IENW 法则将有助于你从 4 个方面正确地自我展示，找到正确的努力方向，从而塑造专业的职业形象，打破圈层并获得更多的机会。

社交不可耻，它是机会敲门砖

每年过生日，我都会写下对过去一年的总结和对新的一年的寄语。从24到27岁，我一直都坚持这样做。虽然在每个年龄段所写文章的文风不同，但还是很感谢这个习惯，让我看到了一路以来的成长。现在我想给读者分享的是我在24岁时所写的生日寄语。在那一年，我意识到了交流的重要性。

长久以来，中国的传统教育一直崇尚含蓄，不提倡锋芒毕露。在这样的文化环境里，很多人逐渐被培养成不擅长社交的人，然而这一点也成为不少职场人遇到职业问题的诱因。

我曾听到很多读者讲：

“我确实不擅长社交，我感觉自己说不出上司想要听的话。”

“我和陌生人在一起会感到非常紧张，不知道该怎么办。”

“某某很能说，但是我不行，所以上司更喜欢他，但实际上他的能力还不如我呢。我呀，就败在不会说话上了。”

其实，并不是所有交流紧张的问题都可以归结为交流障碍。交际功能是语言首要的社会功能。我们每个人都有善于交流的一面，就算是内向的人，聊到感兴趣的话题时他们也会侃侃而谈。因此，像“谁让我不擅长社交呢”“社交可耻”这样的心理暗示，才是我们觉得交流受阻的核心原因。

交流并不可耻，反而是职场中非常重要的环节，是很多机会的敲门砖。我很庆幸自己在24岁就知道了这件事，并且乐于和他人交流。关于如何有效地实现和他人交流，我想分享一下我改变自己的故事。文章写于2015年11月7日，以下是原文：

这是在北京过的第二个生日了。两年间的变化太多，无论是从格局、眼界，还是在做人、做事的方法上，自己都成熟了很多。

回想我的成长经历，我很少和人深入聊天，总是觉得身边没有人能够真正理解自己，因此也不想和其他人过多地交流。追根溯源，还要从我小时候说起。我的父母工作非常忙碌，作为独生女，我从小在患有阿尔茨海默病的爷爷奶奶身边长大。爷爷奶奶的病情造成严重的健忘，经常一句话需要我重复很多遍，他们才能听懂。当时还是小孩子的我非常没有耐心，再加上隔代人生活习惯的差异，和爷爷奶奶生活在一起，一度让我感到非常痛苦。然而这样的痛苦并不被父母理解，当我真诚地向他们求助的时候，他们并没有给予我有效的回应。在他们的认知里，有人照顾我就已经很不错了，忍一忍就好了。就这样，我收到了“交流也是无用的，根本没有人能帮你解决问题”的心理暗示。大多数时间，我都泡在图书馆里，放学后不愿意直接回家。在家里我也是沉默寡言，不想多说一句话。

长期以来，无论做什么事情，我都倾向于自己去解决，很少和外界沟通，更不用说向别人求助了。北上求职的时候，没有任何人给我任何求职建议，我每天都把自己关在房间里盲目地投简历、写文章，痛苦难过的时候，悄悄抹眼泪。现在想一想，如果那个时候可以多和一些前辈交流，得到指导之后再去找工作，岂不是顺畅很多？可惜没有那么多早知道。

好在互联网行业高速发展，其中总有很多新鲜的东西让人足不出户也能学习，它们冲击着我。我第一次在地铁上看到脉脉的广告时，出于好奇就下载了，惊喜地了解到“职场社交”这个概念。信息时代启发了我的交流意识。因为万物互联，人和人之间的关系也被拉近。当我大胆地向比自己资深的人请教时，对方均给予我非常真诚的帮助。我开始发现很多想法是可以被人理解的，而且只要大胆说出自己的需求，会有很多人愿意帮助你。

我进入新浪之后，借助微博平台认识了很多名人。我爱上了与人聊天，因为总能获得很多新鲜的信息。比如，和业界大佬一起聊天，我了解到如何做营销，如何打公关战才能取胜。

这些交流让我获得比在职场独自摸索更快的进步。交流是职业学习里相当重要的一环，比通过阅读、实战获得技能的速度更快，而且记忆更加深刻。我刚开始做新媒体营销的时候，总是摸不着头脑，更不知道如何策划一个活动。当时正巧赶上微博亚洲好书榜的发布会前期，我需要策划一个相应的网页活动，吸引大家的关注，可是我却不知道从何做起。我研究了很多资料，查看了很多项目案例，付出了很多时间，但是依旧进步缓慢。于是，我请教了 360 公司的公关总监。他只用了 10 分钟就帮我厘清了做这件事的整体逻辑，以及可能遇到的问题，并为我介绍了相关的资源。

因此我给自己制定了一个交流计划，每周和 7 个新的朋友聊天，获得新鲜的职业信息。这件事我已经坚持了两年，如今，我的微信朋友圈里已经有2 000多名垂直行业的同行人士。这些人对我的帮助非常大，让我在短时间内掌握了很多行业领域的信息和操作方法。我也得益于此，进步飞快。

慢慢地，我对未来的交流有了更大期望。我曾经受限于自己的职业身份和社会地位，不敢向一些比我资深的人请教。我发自内心地感到恐惧：他们会理我吗？他们凭什么帮我？但是这一年，我大胆地和这些比我资历深厚的人聊天。我获得的答案是：会，他们会理会我的问题。很多时候，与人交流、寻求他人的帮助，并不像我们想象中的那么困难，也不需要什么理由。只要敢于说出第一句话，一旦得到对方的回应，很多事情就会迎刃而解。

同理，如果一个人不理你，也不用灰心，可以思考是不是自己的表达方式不正确或者是其他原因。把别人的反应当成是一种正向的反馈，以此调节自己的行为模式。这样一来，不管交流是否成功，对自身的改变都大有裨益。我曾经有过一次不愉快的交流经历，因为我不习惯主动和对方说结束语，类似于“我要去忙了”“我这边有事先不说了”。但是，一位朋友觉得聊天聊到一半，发个表情人就消失这样的行为非常不靠谱。我虚心接受。在这之后，每当我结束对话的时候，都会直接向对方说明结束原因，避免不必要的等待和期待。我告诉自己：只要能够保持积极的交流状态，就能够找到做事的方法，进而能够持续打开自己的格局，持续进步。

24岁的寄语是：一定要学会聊天。

用情商说话

在职场和生活中，很多人或许都在被一个问题困惑——如何才能够说出别人喜欢的话，成为别人喜欢的人？

当我和之前的一位同事聊工作时，他说：“×××和我年龄一样大，现在已经是副总裁了。他最大的能耐就是一张嘴，会说，可以讨大老板欢心，所以晋升速度特别快。”在我看来，这个人获得晋升一定不只是因为他能说会道，一定有更深层的原因，比如他的职业技能很熟练。交流只不过是一种有效的方式，让他更容易和上司之间构建友好的信任关系。但我当时还是附和地说道：“是啊，能够说别人想听的话也是一项很厉害的技能。”

回去之后，我开始思考这位朋友所说的“会说”技能到底是什么。在职场中，社交技能非常重要，有良好社交技能的人能够精准地表达自己的意思，能够精准地说出对方想听的话。不少职场人喜欢把自己定位为“不会社交的人”，而且不自觉地对会社交、会说话的人抱有否定的态度。他们明知自己的表达能力和社交能力弱，还讳疾忌医，不想学、不想改。

我们如何才能成为一个说出别人想听的话的人呢？如保才能让表达方式为我们助力，成为一个能够处理好上下级关系的人呢？通过和一些领导层的朋友的交流，我最终得到了一些建设性的意见。

■ 处于相同环境中的人存在共性，其中一个人想听的话，这一类人可能都想听。不妨调研一下一个群体的核心诉求，了解这一类人都想听的话，然后不断积累不同类型的人的不同诉求。

计算机有算法，可以精准地算出某一个群体的用户特征和需求。之前有一则网络讨论称，淘宝购物订单的单价低于128元的群体被称为低消费水平群体，这部分用户非常喜欢花时间货比三家，打折促销活动最能吸引这部分用户。

我在为职场人提供职业咨询服务的过程中，每年可以听到至少100个人的职业问题。听多了之后，我发现相同属性的人遇到的问题差不多一样，想听的话也都是一样的。比如，一些学历不高、自尊心强、努力无门、自我压抑的人，最希望听的是："你其实很棒，可以尝试挖掘自身真正的优势。你的优势是你的核心竞争力，只不过被你的自我否定掩盖住了。"总之，这部分人最需要、最想听的是鼓励的话语，因为他们最欠缺的就是外界的认可和自我认同。

与此相反，一些学历不错、有海外留学经验、在大公司工作却面临晋升瓶颈的人想听的绝不是鼓励，而是精准的业务线分析。了解公司里有什么样的业务线比较符合他们现在的实力状态，可以发挥他们最大的优势，是他们的核心诉求。

只要了解一个群体中某个人的诉求，就可以大致了解这个群体的诉求。由此精准地帮助对方，提出对方需要的有效解决方案。所以，如果你想知道你的同事想听什么，你的领导想听什么，不妨找出他们身上最明显的标签，然后按照这个标签找到相似的人，和这些人聊天，听听他们的心里话，了解他们的困惑。这样你就可以知道你的同事和你的领导想听的话。接下来你要做的就是搜集不同类型的人的核心诉求。这样便能大大减少我们的交流成本和交流摩擦，毕竟，多数人还是喜欢和那些了解自己的人交流。

■ 在一个轻松的环境中，基于一个共同的话题，像朋友一样平等交流是最容易得到真心话的方式。

在工作中，我们经常会面临身份的差距，而身份的差距往往不能保证平等的交流。当你约见一位公司的高层为你讲解工作时，如果全程都在说“×老师您好，久仰您大名……”这种客套话，那么你们很难深入到具体的层面、构建深度的交流。我以前的领导曾经对我讲，公司一位新招聘的员工总是想要和他一起吃饭。他说：“我看他一眼，就知道他想干什么。他的功利心太明显了，所以我一般都以有事为由拒绝掉。”可见，过于强烈的社交功利心容易引起别人的厌恶。

真正平等密切的关系是朋友关系。回想你和朋友平时怎样交流，并把这种平等且不刻意的交流方式用在和领导以及同事的交流中，也许能够得到非常好的效果。可以选择一个轻松的环境，而不是过于严肃的办公室作为交谈的场景。所谓共同的话题，可以是公司业务，也可以是一些兴趣爱好。

我很佩服之前的一位同事，他不但业务能力很强，而且和领导之间的关系非常好。他经常和坐在旁边的领导讨论养狗的话题。人都会对频繁出现的事物产生记忆，因此领导对他养狗这件事的印象很深。再加上他的业务能力不差，因此总会时不时得到施展能力的机会。很多人升职快，确实得益于和领导的良好关系，但前提是他们从内心中把领导当成朋友，至少是形成亦师亦友的关系，而不是把领导当成神或者敌人。

交流是一门学问。与其机械地学习怎样使用开场白、如何切入话题，不如在探究人际交往的初衷之后真诚待人。唯有如此，才能够真正在职场中构建一段充满信任感的关系。

伟大的事业，不需要很多人参与

我经营公司的时候曾遭遇过一次滑铁卢，以致我当时的公司受到重创。这次失败让我对职场团队建设有了全新的认识。

究其原因，我在搭建团队和选择合伙人的时候出现了极大的失误。当时公司还没有稳定的现金流，我按照一般的创业步骤，选择先搭建团队，贸然招入了现金流无法承受的人员数量。因为我一直在大公司工作，对员工素质有非常高的要求，所以我挑选的人一般是专业素质过硬而且薪资要求不低的大公司员工。不仅如此，我的合伙人也曾就职于腾讯、百度等大公司。这样的一个光辉团队却在公司运营 4 个月后溃不成军，并且一位员工在离职时带走了一整个部门的人。合伙人之间互相怀疑，也造成严重的管理问题。

在这件事之后，我痛定思痛，总结了一些关于团队管理、职场人际关系的心得体会。

■ 任何伟大的事业在最初阶段都无需要太多人参与，只需最核心的几个人先把事情做出雏形即可。

我个人在大公司的工作经历，恰恰是我在经营公司的过程中最大的干扰因素。我一直希望自己的小公司能够和大公司一样有章法、有流程，却把过多的精力放在了设置规则、制订员工激励计划等方面。因此，我没有集中全部力量设计产业线布局。除此之外，在挑选员工时，我比较倾向于有大公司工作经验的职场人。但是这类人中有些并不适合初创公司的氛围，久而久之，于他们、于公司都是拖累。这件事让我意识到，快速推进一家初创公司，不需要过多完美的人参与，不需要方方面面都周全完美，最重要的是先把最核心的事情做起来。早期参与的人越多，公司的负担越重。优秀的人越多，大家的意见分歧越多，越难以专注于问题本身。

一个伟大的公司最初往往是由小团队运作起来的。同样，对于普通职场人来讲，要实现自己的职业梦想，只需找到能够信任的1~3人，协同合作，把一件事从0到1做起来就可以了。

我们目前所看到的经典影视IP中，70%都不是在大公司流水线上的作品，而是小团队精心制作的成果。最初的小团队就是梦想的合伙人，他们死心塌地把事情做起来的决心和努力就是成功的根基。一件事情的雏形只要被创造出来，就可以吸引源源不断的机会，吸引更多优秀的人，进而创造更大的势能。

设置一套规则，让大家在工作里成长，自己才能最快地进步。我在刚创立公司时，对团队成员极为苛刻。有的人做事稍不符合我的要求，我立刻会把对方骂得狗血淋头。在那个阶段，无论是我，还是整个团队，心情都特别压抑。后来，通过调研其他公司、和其他公司的创始人聊天，我发现在带领一个团队时最忌讳的就是让整个团队以自己的意志为转移。另外，自己也不能在团队里表现得像一个普通工作者一样，事无巨细，亲自执行。

一位好朋友在分享创业经验时也说："经营一家公司需要你设置一套规则，然后让团队里的成员成为这套规则里的零件，让他们在工作中不断地学习和成长。你不断修正这套规则，让这套规则更好用，大家的付出才更有回报，他们也更有成就感。但是，自己不要成为规则里的一个零件。否则，你容易看不清方向，也会因为对别人过于严苛而丧失团队的向心力。"

了解这些之后，我在培养团队方面，开始倾向于自己先测试商业模型的可行性，发现好用的商业模型之后迅速组织人去做。员工在工作过程中一定会出现很多问题，但我也不再强求或者严厉批评没有做好的人，而是鼓励他们去学习。为了创造更好的职场学习环境，我为公司的员工购买了很多企业培训课程，让他们在理论和实践的加持下不断成长。不仅如此，我几乎每天中午都会约谈一位公司员工，为他们解决在职场中遇到的问题。只有了解他们的职业需求，我才能知道如何把他们放在合适的位置上。当我的管理思路发生转变之后，团队的整体氛围变得不再压抑，大家的工作积极性和热情都被调动起来了。

比如，有一位助理想要转型做内容运营，我不仅同意了她的请求还把她安排到新媒体部门工作。她对我讲，她现在越来越有自信了，因为新的工作内容让她发现了人生新的可能性，在不断的学习过程中肯定了自己。

让团队成长，自己才能成长。好的团队领导者应该容许团队成员犯错误，给予他们成长的机会，而不是事事操心。信任团队成员并非管理松散，实际上是给每一位成员更大的发挥空间，自己也能有精力处理更重要的事情。与你同行的人至关重要，而一套行之有效的规则能让团队爆发更大的力量。

■ 精神和文化是最终统领团队的核心。 想做好任何一件事，你必须是一个有信念的人。

我本身是个大大咧咧的人，在很多事情上不注重细节。幸好，我在上大学的时候选择了日语专业，而学习是一件启发人的事情。日本这个国家的文化和价值观给我了很大的影响，其中最深刻的莫过于细致严谨这一点。经历 4 年的洗礼，我学会在很多方面约束自己。比如着装，我从来不在工作场合穿过于休闲的服饰，因为工作制服给人以专业的印象，更能够约束肢体动作，让人呈现良好的精神面貌。学习日语对我语言表达的帮助非常大，从商业礼仪到说话的态度，我时刻都能绷着一根神经，决不放松，时刻提醒自己注意讲话的分寸。

我在大公司工作时，这些习惯非常有用。然而我在经营自己的公司时，为了活跃公司的气氛，展现自己是个亲切的管理者，经常和员工开玩笑，在很多项目的把控上也过于宽松，结果反倒影响了公司业绩。后来我才知道，自己的这些举动投射在团队成员的心里是非常不专业的，很多员工私下里还因此为公司的未来感到担忧。那一刻，我明白了，想成为一个部门或一个团队的领导者，必须端正态度，对自己有更为严格的要求，因为领导风格代表了一家公司的精神文化氛围。

我曾在一本书里看到了关于领导力最准确的表达：你先做到，然后表现给你的员工你怎样做，成为他们的榜样。这就是领导力。一个员工之所以加入一家公司，大多是因为公司领导者呈现的精神风貌或个人魅力。真正优秀的组织者、领导者传递出的精神面貌和信念，所营造的企业文化就是这个团队的向心力所在，也是凝聚人才的关键。

人是社会动物，不可能完全脱离人群独自成长。掌握这几个和人相处的方法，可以帮你找到靠谱的团队，快速进步。

如何让优秀的人服从你的指挥？

在和经纬创投的朋友一起聊天时，他提出一个问题：一个人如何能够在年轻的时候做出一番事业，让优秀的人和你一起工作，甚至为你工作，服从你的指挥？

我相信这个问题同样困扰着其他不少人。

“有潜力的人才留不住。”

“明知道应聘者的能力很强，但是他的想法太多，招聘进来之后可能会影响团队团结。”

“优秀的人都不愿意来，来了的能力多少有些不够，需要慢慢培养，但是这个过程有点太慢了。”

……

这一系列严峻的问题统统可以归结为：如何能够让优秀的人在职场中听从自己的指挥？

智联招聘的行业报告显示，95 后职场人的平均在职时间是 7 个月，每 7 个月他们大概会面临一次职业变动。如此高频率的跳槽已经颠覆了传统的职场认知。而且，这一趋势，从一线城市不断下沉到二三线城市，目前已经影响到工作机会本来就不多的小城市。

一则广东省某县城工厂月薪过万却遭遇招工难的话题曾经登上微博热搜榜。老板无奈地说：“我们接了订单也根本完不成，因为没有工人愿意做。年轻人都想自己创业。有的年轻工人说出去买瓶水，一转眼的工夫就不见了。”

可见，在新经济环境中成长起来的年轻人，不管生活在一线城市还是边陲小镇，都对自己的职业发展有更高的要求。这是在经济水平提高、互联网手段高度发展的背景下形成的全民职业趋势。面对这样的职业趋势和雇员心理，如何才能留住人才呢？

结合我过去的面试经验，以及自己开公司的一些体会，我分享给读者一些方法。

■ 明确为什么优秀的人不愿意服从你，然后反其道而行之。

不服从原因一：同事素质堪忧。

反其道而行之：规范自己的行为礼仪、做事风格，做好表率。

90 后，特别是 95 后普遍在意和自己共事的人的素质。

90 后，特别是 95 后大多从小生活在相对不错的家庭环境里，加上出国留学人群的比例日益提高，在视野更开阔之后，他们中的一部分人对于工作环境的要求更加严苛。学历水平差距过大、价值观相差过大的人在同一公司的同一部门负责同样的业务，难免容易产生很大的分歧。

一些公司在早期发展阶段，因为资金等问题无法招聘到足够优秀的员工，以致整个公司的文化氛围受到影响，很难在后期吸引到优秀的员工。我当初在参加面试时也接触过很多创业公司，但是最终决定放弃创业公司这一选项，因为我觉得其员工素质、职业待遇不如大公司。即便是在大公司，核心业务线和边缘业务线的员工素质也是参差不齐。

我经历了搜狐视频发展的低谷时期，也在爱奇艺最鼎盛的时期加入其中。确实，就整个团队的专业水平、同事素质而言，后者明显高于前者。和优秀的人一起工作，非常重要。“蓬生麻中，不扶则直；白沙在涅，与之俱黑”。人由环境塑造，长期和眼界、素质不同的同事一起工作，慢慢就会受到影响，甚至被同化。

所以这也提醒那些总是追求“快糙猛”风格的公司创始人和不注重自身素质的领导者：吸引核心人才的标准不仅是薪资，更是公司整体的形象和企业文化。一家公司只有营造良好的工作氛围，才能吸引认同其工作内容和文化的人才，让优秀的人乐于听从指挥。

不服从原因二：薪酬福利堪忧。

反其道而行之：为大家争取更多的福利。

和一位知名互联网 B 轮公司的创始人谈及他公司的薪资情况时，

他说："公司尚处于发展期，采取996（从早上9点到晚上9点，一周6天）上班制度，员工工资按照绩效提成计算；没有团队建设活动，没有公司旅游预算，我们节约一切时间用来工作。"这样的公司自然会快速实现创收增长，但是同时会流失很多优秀的员工。一旦公司不站在员工的角度去思考问题，它便很难留住核心员工。

求职者找工作，或者员工决定要不要继续留在一家公司时，比较的是什么？他们比较的就是哪家公司的福利好，哪家公司的企业文化好，以及在哪家公司工作的成就感更高。90后，特别是95后对只工作不休息这件事普遍持排斥态度。如果给他们布置过高的KPI，却没有相应的福利薪资作为补偿，那么优秀的人很快就会流失。作为职场领导者，一定要积极了解优质人才的薪资预期，也要为工作价值高的人谋求更多的福利。

不服从原因三：公司提供的资源堪忧。

反其道而行之：为人才做好心理建设，说明工作的意义所在。

很多小公司的创办者在招聘新员工的时候普遍使用"在大公司就是螺丝钉，小公司更锻炼人"的陈词滥调。但是，从方方面面来看，大公司确实能够带来更高的眼界、更优质的资源。

90后，特别是95后的求职者对于一家公司是否能开阔自己的眼界的特别在意。目前不少选择力的会员都是"海归"，在知名企业工作，他们需要的是更广阔的视野。大部分年轻的职场人更希望公司有正规的培训流程，很难接受主动学习这种靠主观能动性驱动的职场学习模式。所以，组织员工参加培训学习，带领核心员工见识更高级的工作内容，提升他们的眼界，十分重要。与此同时，为一些职场经验不丰富的人讲解某项工作的重要性和意义也有必要。在理解了工作的价值之后，优质人才才能真正开始在职场发力。

我公司的一位实习生曾经认为媒介工作非常枯燥，每天只负责不停地联络媒体。但是，在我向他解释他想做的大型传播项目的落地执行都与媒介相关，只有掌握最新的媒介信息和媒介算法，才能够策划出轰动全国的公关事件的时候，他马上意识到自己工作的重要性，从那之后开始非常努力地完成各项工作。

■ 明确你要切入的用户群体，把自己变成和人才同频的人，才能真正吸引志同道合的人才。

想吸引合适的人才为自己工作，必须明确自己能吸引到哪一类型的人才，明确这类人才所在的领域，然后有针对性地为他们生产的内容提供支持。

输出行业见解是常见的个人影响力提升方式。如果你能在一些专业的平台上挖掘人才，就可能发现潜在的优质人才。思维同频的人，就是志同道合的伙伴。师北宸在 26 岁的时候持续在科技网站上发布小众的科技文章，最终获得凤凰科技高层的赏识，27 岁时登上凤凰科技主编的宝座。网络达人万能的大熊，因为写了一篇关于周鸿祎的对战公关稿子得到周鸿祎赏识，年纪轻轻就成为 360 公司的一位公关总监。他们与大公司结缘源于公司对一些专业平台的关注，特别是对输出深刻行业见解的人的关注。

瞄准自己准备切入的用户群体，借助专业人士的力量生产他们关注的内容，是提高个人或公司影响力的第一步。如果公司领导者想要吸引一些和自己专业领域相差很大的专业人才，在公开场合表明自己对于这类人才的欣赏和重视，也是一种合理的吸引策略。爱奇艺的创始人龚宇，虽然是技术出身，但是在行业大会和其他公开场合多次立场坚定地表明急缺优质的内容人才，愿意为这样的人才和创业公司提供大力的支持。正是由于这样的公关战略和立场，爱奇艺才能够吸引版权方面的大量人才，通过《太阳的后裔》等优质项目迅速突围视频市场，占据行业有利位置。

■ 合理制造势能场，密切联系同行，组成战略联盟，树立品牌影响力，最大限度地辐射高水平人才。

从制造势能的角度来看，不管是公司还是公司领导者，想要吸引人才，同行的战略价值不可低估。密切联系同行，形成战略联盟，不仅有利于提升自己的行业影响力，还能在最大程度上辐射高水平人才。

长期以来，视频行业的发展饱受争议。因为内容变现困难等问题，各家公司的竞争壁垒主要集中在“烧钱”的数量上。可是，即便整个产业处于变现困难的局势之中，仍然有一些公司发展势头迅猛。势头迅猛的公司，并不在意自己比其他公司多赚多少钱，而是自己所制造的势能场能否广泛地获得行业内的认同和追捧，能否振奋员工的精神，从而创造更大的价值。

我在爱奇艺工作时，非常敬佩我的上司，因为他是一个十分擅长制造势能场的人。他率先提出产业战略联盟的媒体思路，负责和位于产业链上下游的媒体资源构建产业战线联盟。当时，我们把大量的广告精准地投入到行业记者的朋友圈中，对行业端输出自己的核心价值主张，为行业端提供大力的支持服务，以期获得广泛的行业支持。

这件事在2016年之前已经开始，等我加入爱奇艺的时候，初步模型已搭建好。2018年，我跟腾讯视频的总监聊天时，得知腾讯视频刚开始做这件事情，比爱奇艺晚了整整两年。所以在整个视频市场上，爱奇艺呈现的势头和文化战略一直都受到同行的追捧，稳居产业链第一。行业影响力让它一直持续产生向上的势能，也吸引了更多优质的人才。

同样，对具备领导力的个人来讲，同行的口碑和支持也是制造势能场非常重要的因素。如果同行对你交口称赞，陌生人也会认为你非常优秀。如果同行对你恶语相向，纵然你表现良好，别人在考虑跟你合作时也会有所顾忌。

品牌理论里有一条规则叫“流量优先”，如果你在行业内拥有丰富的人脉资源和巨大的行业价值，那么别人想要否定你的时候，也会顾及这样做的代价。没有任何机构和个人敢去轻易招惹一个在行业内呼声很高的人。

形成友好的行业战略联盟，增加在行业内的曝光度，有利于促成同行业之间的合作，各方实现互利互惠。行业合作是加深行业影响力、提升信用背书的一把利器。只有个人或公司的势能场持续稳定，人才才会持续追随。

■ 侧重打造综合实力，“两条腿走路”。

综合实力永远比单一的产品实力更重要，综合实力就是竞争壁垒所在。如果很多公司同时竞争开发同一款产品，则很难真正有技术层面的壁垒。公司的综合实力指其可以在原有核心业务的基础上，衍生出新的业务模式。一个公司有能力开发好的产品，并拥有强大的营销手段，它便有了更高的竞争壁垒。公司也好，领导者也罢，综合实力的竞争是核心竞争，单一赛道的比拼更难拼出生路。靠两条腿走路的综合实力往往是立于不败之地的法宝。

想吸引优秀的人才，公司领导者一定要注重提升自己和公司的综合实力。只有提升了综合实力，一个公司才能够快速占领赛道，保证现金流，以更充分的经济实力和商业实力吸引优质人才。

如果你是一家课程公司，却比其他课程公司更懂企业营销，有更多 B 端采买课程的资源，那么你展现的综合实力就是竞争壁垒。当其他公司被流量流失困住的时候，你有非常稳固的销售渠道，这将让你在市场中独占鳌头，从而收获巨大的商业利益。作为一家公司的中高层领导者，如果你既是一名优秀的产品经理，还是一位互联网达人，那么你的综合实力也可以起到提升竞争壁垒的作用。

“两条腿走路”背后的含义是增加自己的综合实力。当你（无论是公司还是个人）的综合实力越强，你的势能场就越强，这个时候追随你的人也会与日俱增。

■ 从语言表达方式开始调节，展示热情且积极向上的精神风貌。

热情、积极向上的精神风貌永远是很重要的。

所有优秀的人才都会被向上的势头吸引，继而成为追随者，但是一直展现这样的状态并不容易。一个公司的领导者很难在面临巨大的业务压力时还表现得极其热情。可是，如果一个公司的领导者终日疲惫不堪，别人就会低估该公司的竞争力和市场价值。不仅如此，如果公司领导情绪低迷，也会影响整个团队的士气。

如何才能够保持一种积极向上的状态呢？

答案是从调整表达方式和表达内容开始。

你的表达方式决定了你在别人心中留下的印象，也决定了你是否会轻易暴露自己的短板。一些深藏不露的公司领导者，轻易不会暴露自己的想法，即便发布信息也只是关于行业的看法以及公司发生的大事件。

我曾经有幸参与搜狐、爱奇艺两家公司创始人主导的公关项目。根据经验，我推荐给职场人一种表达方式——少暴露自己的想法，把注意力放在展示结果上。当你在职场中痛苦、犹豫、不知所措的时候，或者当你的公司面临困境的时候，不要直接表达负面情绪。这一做法除了放大你的焦虑，破坏团队氛围之外，几乎没有别的好处。

从展示工作结果的角度入手，不如试试在发布朋友圈、微博状态，或者向外界介绍自己公司的时候，重点选择自己已经做成的事情、取得的成绩，而不是传播自己陷入某一种困局的痛苦或者引用空洞的励志话语。不要表达不能展现结果的事情。如果没有结果可以展示，你应该先去做事。当你能够展示结果时，你就可以迎接这个结果带来的机会。

我如果想出书，成为更有名气的作家，就不应该只是大规模地宣扬自己距离这一目标还有多远，让其他人知道我在焦虑。我需要做的是找到相关专业人士，达成出版合作意向，成功出书并进行营销，扩大自己的影响力，那么之后我才有可能吸引更多优质的出版公司和我洽谈合作计划。

展示做事的结果，要求你学会隐藏不必要的负面情绪，把时间和精力投入到能看得见结果的事情之中。不传播负面情绪，展示正面积极的内容，你的势能场便会不断强大，从而吸引更多优秀的人才与你共事。

让优秀的人为自己工作，不是一件简单的事情。正因为如此，无论是公司还是个人，才更需要由内而外地对自己所领导的组织进行严格的整治。只有自己形成了一个有效的势能体，才能够最大限度地吸引优质的人才。

第五章

真正让你出问题的，是你认为对的事情

有很多机会，不如只有一个机会

我第一次读到《向前一步》这本书时，深深地被其中的一个观点触动了：女性比男性事业进展缓慢的原因在于，女性总是执迷于选择，总是希望在选择一个正确的位置、一位正确的导师、一件正确的事情之后，再开始全身心地投入工作、创造价值，而男性更倾向于把眼下的事情做好。然而，在信息纷杂、行业分工多样化的今天，不仅女性执迷于选择，男性也是如此。大多数人因为选择而困惑，真正能够在年轻的时候做到一旦选择就不后悔的人越来越少。

为什么人们总是幻想另一条人生赛道上的自己呢？原因在于人们无法识别自己的“伪”需求。很多时候，人们不知道或者不愿意承认自己的梦想不切实际。

有一次，一位曾在腾讯视频担任总监的朋友找我聊天，说起了他的职场烦恼。他历经千辛万苦，面试了半年才跳出小公司，进入腾讯工作，一待就是5年。在这5年中，他进入大公司工作的自豪感慢慢淡化。他不满足于被别人说平台的成就和个人无关，所以想尽快摆脱平台证明自己的能力。

于是，在第5年，他选择了离职，去商学院深造。之后，他开了一家视频广告公司，很快又不满足于一单一单地接生意的传统模式，又开始尝试转型。转型期间，不少公司向他抛来橄榄枝。与此同时，他自己也有很多想做的事情——想做投资人，想要入股一家公司，想要出书，想要开办滑雪俱乐部。一时间，机会多到无从选择。

现阶段，他在同时帮几家公司做事，却在短时间内得不到满意的金钱回报。时间被几家公司的业务占据，他做不成自己想做的事情，终日焦虑不安。

聚焦思维的重要性不言而喻，但是站在所有项目推进的节点上，又因为各种选择焦头烂额，他根本不知道如何聚焦、如何选择。同时，受制于现金流，他无法安心做想做的事，总是不自觉地想要寻求即刻可兑现的利益。

现代人的苦恼从来都不是没有选择，而是选择过多，以及到底该如何选择。机会过多等于没有机会，所以我们应该抓紧时间识别出“伪”需求。

你以为你可以做的事情，和你真正想做、擅长做的事情可能天差地别。很多人因为无法证明、不敢证明这样的“伪”需求，而终日陷入做白日梦的状态中，总以为自己还有其他机会，甚至对眼下的工作不上心。殊不知，他们正因为不认真的态度而耽误着自己的前途。所以，选择越多，你越要辨别出那些根本不可行的选项。相比于机会过多的人，机会少的人更容易成功，因为前者不懂得珍惜，后者则视机会为救命稻草。

如何辨别“伪”需求？

- **寻求直接反馈：给自己一段时间去调研，得到直接的反馈，打破幻想。**

在首次新书签售的过程中，我有一段时间很难适应创业模式和思维，迫切希望自己能在签售结束后回到大公司继续工作。那时候，我一边留意猎头推荐的工作机会，一边考察自己中意的公司。我原以为有很多合适的机会，在面试后却发现并不适合我。这期间，我也收到了来自深圳、广州的工作邀约，也花了时间跨城市调研、面试，最后不得不接受很多选项是“伪”需求。你所追逐的东西究竟是不是你想要的，你所幻想的事业你究竟能不能做好，只有在实际了解后你才能心中有数。你也会因为得到了直接的反馈越来越集中精力做该做的事。

所以，我衷心建议本节开篇提到的那位朋友，不要局限于选项本身。无论他现在想做什么——做投资人，开俱乐部或者入股公司，他都应当花时间亲自去调研每个选项，接触一些该行业内的人，获取来自行业人士的直接反馈，看看这些计划实际运作起来到底是什么样子。

或许，你的愿望是进入一家公司做副总裁，但是完全不了解这一职位实际的工作内容，也也不确定这是不是你热衷的方向。所以，只有接收真实的信息和反馈，你才能知道什么事情能做，什么事情不能做。调研时间看上去很长，但是基于调研的结果如果刚好是你贯穿一生的职业路线，那就非常值得。

有好奇心，敢于尝试且不怕失败的人 = 有眼界的人

有好奇心却不敢尝试的人 = 普通人

有好奇心，敢于尝试，却害怕失败，因为失败过一次害怕下次尝试一样失败的人 = 可怜人

我希望你做个拥有广阔眼界的人，而这份眼界日后会指引你做出更多果断的选择。

■ **得到物质保障：先解决经济问题，再解决职业问题。**

我在本书里提到过很多次，经济问题和职业问题是两个问题。如果一个人因为手头拮据就随便做选择的话，那么这个选择十有八九会让他后悔。做事情只看眼前利益，是十分短视的行为。但是没有钱又不行，你怎么办呢？答案是分开解决。先解决经济问题，再解决职业问题。你要先赚一笔能够让自己有安全感的资金，然后再精进职业技能、找准目标和方向。

如何赚钱呢？无外乎两种方法：一种是分析自己能提供的价值，找到愿意为你的技能买单的买家，另一种是复制别人的赚钱思路，研究其方法和技巧。

在签售期间，我曾听从一位咨询师朋友的建议，开通了每小时1 980元的职业咨询服务，反响不错，有不少读者前来向我咨询职业问题。我也参考了一些开公关公司的朋友的建议，开办了一家小型品牌战略公司，依靠提供企业品牌战略服务获得一定的收益。这些收益都是借鉴其他人赚钱的方法所得。

所以，当自己的事业在短期内看不到回报而自己又没有钱的时候，你应该给自己一段时间，先去赚钱，然后继续做想做的事情。或者，你可以尝试直接把想做的事情变现，集中力量做一件能让你赚钱的事业。但是许多事业都需要有前期投入，而且不能立刻变现，此时你可以把这件事是否具备变现能力作为检验它能否成为你的未来事业的辨别标准。一个一直无法变现的项目，未必是非常好的事业方向。

物质保障是一个人的底气，现金流越稳定，做事情越自信。如果现金流不稳，你会陷入朝不保夕的恐慌。所以，分开解决经济和职业两个问题不仅能给自己的选择提供更多的保障，也能让自己更自信从容。无论何时，我一旦受到了经济问题的困扰，第一反应就是立刻放下某些冗杂的工作，去做赚钱的事情，在现金流稳定之后，再继续做想做的事。

■ 尝试满足原始欲望：任何有意义的期待都值得实现一次。

本节开篇的那位朋友一直在说自己热爱滑雪，但是因为开滑雪俱乐部不赚钱，所以不能专心做这件事。每次说到这个事情，他都十分惋惜。我对他说："既然如此惋惜，为什么不去试着实现一次呢？在这个世界上有很多事情是无法用金钱来衡量的。"

我首次出书的时候，也有很多人劝我不要放弃大公司的工作，因为出书不赚钱。但是，出书、签售、宣传营销等一系列经历让我见到了更多优秀的人，更多地了解到真实的用户心态和问题，我也借此塑造了行业影响力。这些经历为我日后经营公司，谈融资，做产品带来了极大的便利。所有最初的梦想和目标都值得实现一次。只有实现了一个目标，你才能够懂得下一次要怎样更好地实现。

如果说上一本书追求的是获得名声，那么这一本书追求的则是行业的排名，专业的营销和转化率，最终是行业认可度。目标的深入在一个人实现了最原始的期待之后才能得以继续。

■ 认准自己的选择。

认准自己的选择是一种思维战术。

一个人很难在年轻的时候安于现状，或只认准一个选项。只有见过大风大浪之后，人们才能够笃定一个选项。所以，做到一旦选择，不再选择不是一蹴而就的事情，而注定是一个漫长的过程。在成长的过程中，我们应该丰富个人体验，从不同的体验中收获知识，把知识转化成思维方式。比如，我现在不会强迫自己在做不了决定的时候做决定，反而会认为自己还处在探索的过程中，应该搜集更多的信息，寻求更好的体验。如果一个人已经精准地找到了未来的事业方向，开始意识到漫无目的折腾没有任何作用，而真正的成功是一直坚持做一件事，那么他自然可以做到一旦选择，不再选择。

辨别和分析“伪”需求，可以让那些困惑迷茫的人意识到他们对很多机会存在误判，他们应该抓住被验证过的想法和机会，去体验更好的人生。

盲目跟风，最为致命

一些读者和我分享过他们创业和投资失败的故事。有的人学别人在业余时间开淘宝店，因为不懂其中的商业逻辑和操作方法，血本无归；有的人学别人写新媒体文章，因为不懂运营方法，没有资源和广告主支持，最终不仅把自己累得半死，还没有任何进账，只能安慰自己是在陶冶情操；有的人学别人炒股，因为不懂股票知识，也没有相关的人脉资源提供股市行情解析，最终被股市套牢。

一个人在从新手到精英的过程中会慢慢产生一种体会——不是

所有的钱都能赚到，别人能赚到的钱你未必能赚到。别人能月入 10 万元，可是他的赚钱方式却未必适合你。看着别人境遇好，就盲目跟风做一件事，日后可能会为自己带来难以估量的损失。能否赚钱的最重要因素在于市场和模式能否与个人相区配，只有找准适合自己的市场和可复制的赢利模式，你才能最大限度地实现收入增长。如何才能找准与个人相匹配的市场和模式呢？

首先，我们必须明确什么是商业模式。商业模式是指一个组织在财务上维持自给自足的方式。商业模式中还包含两个重要的问题：为我们付费的客户是谁？客户需要我们完成怎样的工作？

在赚钱之前，你必须了解自己现有的技能和优势，并找出未来肯为其付费的客户，以及明确客户的需求。很多公司和个人的失败都是因为没有明确自己长期服务的付费客户群体，以及客户到底需要他们做什么。

很多早期的互联网公司，采用通过圈定产生流量的用户来获取广告费的赢利模式。这些公司无视自己未来的广告主需要哪种定向引流，在没有打通整个商业变现渠道（到底有什么渠道能够提供广告主资源）的情况下，就开始大量投入金钱，刺激用户增长，结果却是——钱花完之后，用户量并没有明显增长，也没有广告主愿意继续给他们投钱，最终现金流断裂，公司倒闭。

万维钢在“精英日课”中提到，很多经济学家把互联网早期野蛮生长的阶段戏称为“圈地运动”，即不管不顾，先圈定流量再说。但是，万维钢认为英国的圈地运动和早期互联网行业的野蛮生长是两码事。在圈地运动中，土地本身具有价值，圈地之后便能产生收益。早期互联网行业在野蛮生长中的确圈了用户流量，但是这批用户并没有付费，本身不具备价值，所以需要有广告主为其赋予价值。这也是很多互联网公司失败的原因——它们不惜重金圈下的用户本身并不能贡献太多价值。

在不明确给你付费的人是谁，不清楚你需要为其提供怎样的服务时，就没头没脑地做事情的时代已经过去了。现在更多的公司在创业阶段偏理性，会先找到有需求、可以付费的客户，再去设计自己的产品并完善渠道。比如，很多运营美妆时尚新媒体账号的创业者，会先瞄准一些高端品牌广告主的需求，制定自己的内容和战略，再有针对性地扩大用户基础，形成一条稳定的利润链，确定可控的回报。

对于个人来说，盲目模仿别人赚钱的方式，或许偶尔能赚到一些小钱，但是想长期赚钱却不太现实。对此，一位从事视频创作的朋友深有体会。他为一些公司做视频宣传短片，赚钱赚得特别辛苦，而且没有安全感。他不能确定每个月有多少人找他制作视频，经常出现连续几个月没有收入的情况。所以，除了需要明确你的付费客户是谁，以及他需要你提供什么样的服务，你还要知道通过什么渠道能够尽可能多地找到这类客户，这样才能自主地掌控收入来源。

想赚钱，你不能追求赚快钱，而是长期稳定地赚钱，这一定离不开对整个创收流程的步骤设计，更离不开人和人之间的合作。

其次，我们要明白在确定商业模式的过程中有哪些注意事项。

■ **错误方式：什么钱都想赚，既想对接 C 端，又想对接 B 端。**

正确方式：集中在一种利润最大的客户关系和赢利模式上。

不管是个人还是公司，对早期商业模式的设计最好集中在同一种客户关系和赢利模式上，而且一定要符合利润最大化的预期目标。不是所有风口上的商业模式都适合你。选择现阶段最容易操作、利润最大化的商业模式才是正解。

在开公司的这段时间里，我经常看到很多人盲目跟风。有人做读书会，他们立刻也做读书会。有人做微商，他们立刻也做微商。既想对企业收费又想对大众收费是一种完全功利化的思路，而且会干扰你的决策。从公关的角度来看，针对 B 端和 C 端的传播策略尚且不同，更何况是商业行为中针对企业和大众的赢利模式呢？

所以，无论是公司还是个人，如果想赚钱，一开始的时候要以最低的人力、物力去尝试，不要在赚钱之前把大量精力倾注在未经证明的事情上，另外，你要把注意力放在最适合自己的、付出最少但是赚钱最多的那条线上，想方设法地优化这一条业务线，这样的业务才是你的优势所在。如果你费尽力气才能取得微不足道的成果、赚到一点钱，说明那样的业务并不是你的优势。在一定程度上，做不是自己优势的事情是在浪费时间。

■ **错误方式：流程设计复杂。**

正确方式：了解你的产品是什么，了解你的客户是谁。

在确定商业模式的过程中，要弄清楚你在卖什么，谁来买，怎样能够让更多的客户购买或者让一个客户多次购买。流程设计得过于复杂会干扰自己的思维。我最失败的经历就是在最初组建公司的时候设置了过多流程，囊括了社群和课程等内容。所以在商业模式上，公司也好，个人也罢，要明确精简流程设计的重要性。

■ **错误方式：偏执流，不注重赚钱流程的设计。**

正确方式：设置好生产、渠道和销售环节。

我见过很多偏执的人在设计整个赚钱流程时一再强调：我做好内容就可以了。这样的人缺乏全局观和流程思维。不管是公司还是个人，你需要确定你的赚钱流程——你的客户在哪里，你能为客户提供什么，你的渠道是什么。如果在某一环节中，你单枪匹马行不通，就必须找到合适的人来合作。只靠自己完成所有环节，非常不利于实现赚钱的目标。如果没钱可赚，很多靠钱支撑成本的环节就会出现断裂，公司运营更无从谈起。

在了解过在确定商业模式的过程中的注意事项之后，就可以开始思考如何确定自己的商业模式了。商业模式有 9 个组成部分——客户群体、价值服务、渠道通路、客户关系、收入来源、核心资源、关键业务、重要合作和成本结构。

客户群体：你服务的群体是哪一个。

价值服务：你能提供的最有价值的服务产品是什么。

渠道通路：什么样的渠道能够让更多目标客户了解你的产品。

客户关系：你和客户之间的合作方式（比如租赁、销售等）。

收入来源：你的客户愿意为什么内容（比如一次性售卖产品、租赁费、服务费、订购费、注册费、中介费等）付费。

核心资源：你最有竞争力的收费项目是什么。

关键业务：你做这件事最关键的业务是什么（比如产品、销售、支持等）。

重要合作：和谁合作能尽可能地带来更大的利润。

成本结构：你的支出成本是什么。

早期我不懂如何确定自己的商业模式，因此浪费了很多时间做没有结果的事情，比如勤奋地写文章，圈住了“流量”却无法变现，最终导致客户黏性降低。再比如，我低价销售自己的职业咨询产品。人最宝贵的就是时间，长期把时间投入在没有利润的事情上，哪怕付出再多，也收获甚少。

在设计个人的商业模式时，简单明确是第一准则。我们需要明确自己所能提供的服务或产品，客户买单的要点，以及如何以规模化的方式赚钱，尽可能地提高赢利模式的可升级性。比如，对于一款软件而言，公司销售它，不存在过多的服务成本，即使用户增加，公司的服务成本依旧不会太多，这可以算得上是一种一劳永逸的赢利模式。相比之下，咨询行业和个人服务型企业则不具备那么强的可升级性。如果你只是售卖自己的时间，那么在客户可接受的范围内，你要尽可能提高你的单价。可升级性的模式，诸如电子商务、知识付费等，相对于个人服务、咨询服务、教育服务而言要有利很多。

所以，你在设计个人的商业模式时，需要结合自身优势，设计出可以复制的、具有规模化效应的赢利模式。只有设计好商业模式，你才能有效增加自己的收入。

裸辞不可怕，害怕裸辞才可怕

很多人害怕裸辞，担心失去工作之后无力负担房贷、车贷和家庭的日常支出。我的一位读者是上海一家知名汽车公司的总监，领着不错的薪资。可是伴随行业低迷，企业着手进行改革，他的日子越发地不好过。他对我说："我真的想辞职，可是我不能，离开这个工作我能去做什么呢？毕竟和现在的待遇条件相比，其他的公司也确实没有吸引我的地方。而且我还有房贷、车贷要还，有老婆孩子要养。我该怎么办？"

我跟他讲了我的三次裸辞经历，他静静地听我讲完后，第一反应是：你当时一定很有钱吧。我笑笑说："如果有 3 000 元也算很有钱的话，那我确实很有钱。"他很惊讶。毕竟对于在北京生存下来而言，3 000 元实在太少，租一个主卧也要每个月花 2 000 多元。而我在决定裸辞的时候，浑身上下加起来也就只有这么多钱。我想用接下来这个故事，对很多像他一样犹豫要不要裸辞的读者说：裸辞不是富有者的特权，甚至和你的积蓄多少没有关系，如果因为债务负担放弃了改变自己的机会，那么会得不偿失。裸辞并不可怕，你甚至可以通过不断地积累经验，最终战胜它。

我先后供职于新浪、搜狐、爱奇艺三家公司，每一次离职的方式都是裸辞。当我选择从新浪微博裸辞时，我只是个一名默默无闻的市场运营人员，没有任何额外的收入来源，一个月的工资是7 000

元，税后实际到手大概 5 000 元。裸辞的时候，我全身上下只有 3 000元，租住在三环内的一个小主卧里，每月租金 2 100 元，而且在 3 个月之后要交下一次房租。这就要求我必须在两个月内找到新的工作。那时，我每天都在想到底路在何方，我要去做些什么。

当时，我唯一能做的就是研究媒体视频产业的公司，研究招聘信息、岗位结构，学习相关的知识，不停地参加面试，搜集面试官的反馈，修改自己的简历，完善自我表达的方式。在没有面试的日子里，我规定自己每天 7∶00~10∶00 研究岗位信息，11∶00~13∶00 写文章，14∶00~17∶00 学习岗位知识，19∶00~22∶00 继续研究岗位信息。终于，我在即将花光所有钱的那一周收到了搜狐视频的录用通知。

战胜裸辞的第一种方法是给自己规定一个期限，并在规定的期限内找到新的工作。然而，这种方法只能以 50% 的胜率战胜裸辞。

收到搜狐视频的录用通知绝不是凭借所谓的好运气，而是不断研究、不断尝试的结果。基于半个月对招聘网站的研究，以及其他公司给予的面试反馈，我最终判断出搜狐视频是当时最适合自己的公司。于是，整整一个月我都在寻找加入这家公司的机会，通过各个渠道投递简历，比如企业官网、公众号、招聘网站、猎头，求助各种职场人脉帮我做内部推荐。无论是同事的同事、好友的朋友还是脉脉上该公司在职的工作人员，我向绝大多数与这家公司有关的人表达了自己想要去的意愿。最终，我成功联系到一位搜狐视频的 HR 总监。我的诚意打动了她，她同意帮忙做内部推荐，并安排了面试。在面试中和领导的愉快交流让我正式入职搜狐视频。

离开搜狐视频时，我同样还是裸辞。有人可能会说，那时候你已经很有钱了吧？实际情况并非如此，我最开始在搜狐视频时的工资是一个月 1 万元，税后 7 000 元左右。后来工资涨了一些，到手也就 1 万多。我在搜狐视频工作了 9 个月就离职了，而原因很简单——公司的业务线和我本人的发展规划有冲突。在交完房租之后，我只剩不到 5 000 元的现金。这和之前的情况何其相似！又是裸辞，又是没钱。

可是这一次我却以 70% 的胜率战胜了裸辞，因为我学会了在没有工作的时候，靠一技之长赚钱。在搜狐视频工作时，我养成每天写一篇文章的好习惯，收获了持续行动的福利，知晓了一分耕耘，一分收获的好处。可控地在有意义的事情上投入时间，让我不再焦虑。

加之，在写职场文章时我采访了很多人，比如红极一时的自媒体达人彭小六、《时尚芭莎》的总监祝小兔等，我通过他们又认识了很多新朋友。在一次采访中，一位朋友对我讲，因为当初去了插坐学院听课，学到了很多相关的知识，并将其运用在自己的账号上，他的公司才有了现在的成绩。于是我立刻联系了插坐学院的负责人，开始设计关于职场的课程，对方在课程上线后立刻打给我 3 万元。拿到 3 万元的时候，我突然意识到，积蓄永远只能作为面对裸辞的备选方案，真正能缓解裸辞带来的恐惧和焦虑的方法，还是自己创造价值。与其被金钱压力压得喘不过气，自怨自艾，还不如重整旗鼓，学习如何赚钱。

有了这份经济保证，我开始采访更多的人，了解他们如何赚钱，模仿他们的方法创造收益。与此同时，我也利用第一次裸辞时收获的经验，按部就班地找工作。不到两个月，我就入职了爱奇艺。

我是个偏爱把自己放在绝境中的人，因为总想战胜那些让自己恐惧的东西。小时候，我和堂姐都怕狗，经常有讨厌的男孩把狗放出来吓唬我们，我们被狗追得在小区里四处逃，但是我讨厌被吓唬的感觉。后来我主动养了一条狗，研究我对狗的恐惧从何而来，如何能够战胜它。我曾和小狗单独待在房间里一整天，直到我不再害怕它为止。再后来，我爱狗如命，而我的堂姐现在看到狗依旧躲得远远的。世界上有很多东西，如果你不战胜它，就会一直害怕它。

对于裸辞，我同样有一种挑战心理，总想知道自己如何才能战胜它。我对自己说：我想成为一个离开任何企业都可以活下去的人。

接下来，我要讲的故事是如何能够100%地战胜裸辞。离开爱奇艺的时候，我已经不纠结于钱的问题了，因为我掌握了两个思维模型：一个是如何能够在规定的期限内找到工作，一个是如何在没有工作的时候继续赚钱。可是，那时的我还是工薪阶层的思维，仍对裸辞心存恐惧，总担心没有人帮我缴纳社保，担心失业会不会被其他人小看。

100%地战胜裸辞，是指你能在裸辞期间获得比你上班时更大的收益，以及不再畏惧没有工作这件事情。

从爱奇艺辞职之后，我开始全身心地准备新书的签售。同时，我继续做访谈，继续学习别人的经验。通过和一位导演的交流，我了解到价值感的重要性。什么是价值感呢？如果你的价值感是一个月2万元，那么你会觉得10万元是一笔很难赚的钱，但当你的价值感是几十万元甚至上百万元的时候，你离赚到这些钱就没那么远了。我随即决定给自己设立一个一次赚20万元的目标。我不会拍摄，也不可能靠做中介赚钱，于是只能靠品牌公关的技能赚钱。

那时我有幸采访到正阳公关公司的合伙人。在采访结束后，我弱弱地问了一句："您能给我讲讲这个行业的报价吗？"他知无不言。听了他的话，我顿时打开了新世界的大门，大致了解到这个行业每一类项目的市场行情。后来，我和一位在海外工作的朋友聊了自己想要做一站式品牌公关的想法。没过多久，她正好有一个在海外的落地项目，想要找中国的宣传团队，便第一时间找到了我。

于是，我找到了正阳公关团队的合伙人，问他有没有兴趣一起做这个项目，对方很爽快地答应了。在整个操作过程中，我从他身上学到了很多东西。他年龄比我长很多，有更宽阔的眼界，其工作方法也更成熟。不到半个月，我们完成了相应的项目。除去成本，平分利润之后，我赚到了预期的20万元。这是我在与裸辞这场战役中获得了最终的胜利——心无恐惧，而且用15天赚到了之前半年的薪资。从那之后，我不再拘泥于是否进入公司工作，不再畏惧自己离开企业是否会无法适应。我对自己解决问题的能力和做事的方法开始有了极大的自信。哪怕身无分文，我仍然知道如何创造价值并赚到钱，从而让自己渡过难关。

那位汽车公司的总监听了我的裸辞经历之后，恍然大悟。职业问题的解决之道来源于成熟的思维模式。如果你把注意力全部集中在债务上，就失去了宝贵的时间和改变自己的机会。只有把注意力放在解决问题上，你才有一线生机。

关于战胜裸辞，我还有一些其他的想法。

无论是在公司工作期间还是在裸辞期间，一个人必须要有好的行为习惯和思维习惯。作息规律，每天为一件事情付出时间和努力。

你需要在行业里有朋友，基于你在做的事情建立关系网。在你最绝望无助的时候，这些朋友可以帮你寻找解决方案，从专业视角给你提供帮助。

你需要组建团队，让团队发挥最大化的价值。

你不可盲目追随别人的成功方法，一定要结合自身情况进行调整。

螺丝钉的自我修养：能进大公司就是本事

在和之前的领导聊到公司业务时，他问我为什么当初在即将被委以重任时选择离职。

我坦率地回答道，或许离职有些冲动，但是在那个时候，我确实很想证明自己，想完成自己出书的梦想，想创立一家自己的公司。另外，我也想看看在大公司培养的思维，是否能够支撑自己在社会上独立生存。

他点点头称很佩服这份勇气。

我也很敬佩这位前领导，跟着他我才学到了专业的公关知识和技巧，但我最佩服他的一点是他面对选择的态度。他对我讲，他不知道选择互联网行业是否是个正确的决定，但是他尽可能地肯定自己的选择。“每个人都有每个人的选择，要坚持自己的选择，不能摇摆不定。只有你肯定自己的选择，选择才会肯定你。”

现实生活中，很多人不敢肯定自己的选择，看到别人过得好就觉得自己的选择错了。我曾经看到一篇名为《一名腾讯员工的离职忠告：加入大公司就一定好么?》的文章，大概讲的是：一位从腾讯离职的员工“吐槽”大公司病，但发现创业的朋友也没好到哪儿去。在我看来，这类文章的立场极不清晰，侧重点放在对大公司弊端的批判，诸如制度臃肿，个体发展受限制等，却也不鼓励读者投奔小公司。没有哪一个职场选择是绝对正确的，每个人都应该意识到，如果想获得更好的发展，就一定要肯定自己过去的选择，挖掘从中学到的一切。

《力量》一书中有一个观点——对过往的感恩就是最大的自我肯定。这几年，传统意义上的大公司越来越被人诟病。在以往的职业咨询中，也有非常多的人问我，到底要不要进入大公司。很多大公司的员工也开始认为继续待下去自己会没有发展空间。

我过去一直在大公司工作，现在自己的公司是一个小公司，但我仍然推荐职场人进入大公司工作。一般来说，大公司拥有更好的资源和专业素质更高的同事。在下文中，我希望更正几点职场人对大公司的偏见。

■ 平台的本事还是你的本事？ 能进入平台就是本事。

我离开新浪入职搜狐视频时，处境曾非常艰难。两家虽然都是互联网门户公司，但是方向不同，一个是读书，一个是视频。相应地，市场部的分工极为不同。我没有办法准确找到对应岗位，更没有办法立刻找到理想岗位。我当时在想，我就只能一辈子做运营吗？想转型做品牌公关就这么难吗？我想离开读书行业进入视频行业就这么困难吗？答案是肯定的。

职场就是这样，如果你在某个行业工作了几年，就会被贴上某个行业的标签。我曾在互联网读书行业工作，想转型到视频行业的时候，经常因为没有相关工作经验而被拒绝。我找了猎头和 10 多位搜狐视频内部的员工为我做推荐，花了两个星期研究搜狐的职级、分工、岗位需求，反复修改了 10 遍简历。之前在读书行业的运营工作，处于影视产业的前端，我完成了影视图书以及其他畅销书的活动策划和对外推广，掌控大量 KOL 资源以及娱乐化营销方法。

为了向对方公司的 HR 证明我可以胜任与视频相关的工作，我不得不把和影视联动相关的经历重点放大，匹配岗位的实际需求，经过两个月的简历投递，最终才得到了搜狐视频领导的认可。

那些没有在大公司工作过，不了解大公司的人，根本不会知道进入这样的公司有多么艰难。如果你经历了这些，就能明白，即便千军万马过独木桥，能最终实现突围就是你的本事。

另外，为什么个人要和平台比本事？为什么要拘泥于一件事情的成功是平台的功劳还是你的功劳？我刚工作的时候，时常说某项工作不是我想做的，我希望能够有发挥自己的想法和价值的机会。一位前辈非常耐心地对我讲："为什么你总是把工作分得很细呢？任何一项工作，只要你认真去做就会有所收获。相反，分得太细，掺杂太多个人好恶在其中，将不利于你的职场学习和成长。"当时我并不能很好地理解这些话的意思，而直到今天我才明白。

■ **站在巨人的肩膀上。**

职场新人有太多时刻想大展身手，却忽视了自己的工作经验和方法，尚不足以支撑自己输出价值。所以，在个人势能不够的时候，职场人应该去学习，而不是急于输出自我价值。一个优秀的环境会让你受益良多，这和站在巨人的肩膀上眺望是同一个道理。万能的大熊也说过“屁股决定脑袋”，如出一辙。

我们公司的一位实习生毕业前在一家小杂志社实习，去找作者谈合作时屡遭拒绝，最后也没有学到什么。后来她进入一家大公司工作，接触到的都是国内非常顶尖的作家、编剧和导演。在这个过程里，她学到了很多营销知识，打开了新世界的大门。她说进大公司和进小公司的体验确实不一样。

好的企业对于职场人而言到底意味着什么？意味着它为大多数职场人提供了学习的场所。我有一位好朋友曾经是百度公司的运营人员，工作时非常用心地研究运营技能，进而自己运营了一个与美妆产品有关的公众号，现在月流水超过 100 万元。学习是最重要的，只要能学到技能、能创造价值，钱、人脉资源、地位都会有的。

最好的工作不是由公司的大小而决定的，而是以行业业务与你的匹配度为判断依据。选择本身并无对错之分，借用《金融时报》CEO 张延老师的观点：一个真正有职业精神的人，要敢于为自己的选择负责。如果你选择了大公司，就要集中注意力在它好的一面，做该做的事，如果永远这山望着那山高，就永远不会有成长。

奇迹不是侥幸，它源自合理规划

在每年生日时写一篇文章反思自我，已经成为我的习惯，这也是与自我交流的时刻。我之前写的《年轻人要大胆展示自己》《你是什么样的人你就进什么样的公司》等文章在网络上被大量转发。我也先后在中华英才网、领英中国，和一些大学举办演讲，把自己的经历和体会分享给更多需要帮助的人。在和读者的交流过程中，我发现了大多数职场人的共同痛点：缺乏规划意识。

很多读者说：我没有想过为什么做这份工作，大学时学的这个专业，找工作时就奔着这个方向去了。在领英中国的分享课上，一位在外企工作了10年的读者对我说："我真的没有什么目标，也没有规划。我没有买房子，一直觉得这样也很好。可是到现在，我却发现自己不知道该去什么地方了。"过度地顺其自然，意味着随波逐流。如果没有合理的规划，奇迹就不会发生。

所以，25岁的寄语是：我开始相信规划，不再相信侥幸。

职场人最好趁早树立规划意识，有意识地向目标行动，才不致浪费宝贵的时间。关于树立规划意识，我们也有方法可循。

■ 培养一个可以长期坚持的习惯，学会精准定位自己的目标。

我过去经常看不到问题所在，虽然迷茫、痛苦，却不知道该从何做起，该向谁求助。这种情况在我毕业的前后两年尤为严重。一切的转机发生在我坚持写作之后。我坚持了一年多的时间每天写一篇文章，在这个过程中，我不断地观察自己。通过持续写作，我发现自己从做一件事到有结果的周期差不多是三个月。比如，我每天花一个小时写一篇文章，文章的质量实现突破性提升，个人公众号获得大量读者的关注大概需要三个月的时间。进而，我开始思考怎样可以缩短这个周期。过去我每天投入一个小时写作，现在可否投入两个小时；过去我完全按照自己的想法写作，现在能否学习更多写作的技巧，有方法地去写。然后，我开始尝试进一步提高自己的方法。正是通过不断地发现问题、解决问题，我才得以提高效率，加快在写作方面的成长速度。

我不禁在想，虽然我从小就梦想当作家，但是这么多年都没有任何进展，根本原因就在于自己只停留在想象中，而没有落实到行动的层面。持续写作让我仅用一年就实现了自己的梦想。

这也是我个人最推崇的工作方法——时间记录法，即不断细化你的目标，落实到每天可执行的任务上，一旦发现问题就及时调整。

■ **关于怎样解决现在没有努力方向的问题，答案是接触优秀的人，发现更多可能。**

生活中，你要有意识地接触新的人，吸收新的思想，有意识地制订自己的事业、健康、财富规划。

在 24 岁那一年，我接触了很多优秀的人，从他们身上，我看到了自己和他们的差距，其中最大的差距莫过于认知水平的差距。当我还在因为几万元的工资而觉得自己小有成绩的时候，有的人已经月入几十万元，开始研究如何买房或者如何在股市赢利。正因为可以接触这样的人，看到认知水平的差异，我才发现了解新领域的知识和及时制订规划在任何一个阶段都极其重要。

那么我是如何不断接触新人的呢？首先，作为职场作家，我经常有机会访问很多优秀的职场人。其次，我也开通了收费的职业咨询服务，帮助职场精英解决职业问题。再次，我的本职工作与品牌传播相关，有一系列资讯渠道可以接收新鲜的信息，接触优秀的人。最后，我经常在课程平台上参加一些商业讲师的课程，听取不同的观点和经验。如果遇到十分欣赏的老师，我会主动联系他们做访谈，更深入地与其交谈。

以上 4 种方式是我获取新的人脉资源，和优秀的职场人对话的基本渠道。优秀的人往往拥有优秀的思想，和他们交流带来不少启发。

■ 如果想快速发展，就要进入一个适合实现目标的环境，借力而行。

一个人想要快速发展，需要一个稳定、有助力的环境。单枪匹马的尝试熬不过长时间的考验。以知名动漫 IP《名侦探柯南》为例，它的创作团队有上百人。原著作者只是创造了柯南的形象和初步的故事设定，而其背后庞大的团队支撑了整个剧情的推进，这才能够让这部作品连载十几年。一个人的产能是有限的，如果不组建团队，成功的速度会大大受限。

我在中国传媒大学演讲时，说到这样一个观点：任何快速的进步都是在一定的环境里完成的。对于想要在职场搏出一片天的人来说，千万不要脱离职业环境，单打独斗地学习。想要成为和新华社记者同等水平的记者，最快的方法就是加入新华社，在同样的环境里学习。如果无法实现这一步，你可以选择去一个同类型的媒体工作，不断学习，而不是舍近求远，靠自己钻研。这个观点获得了在场学生的广泛赞同。职场人士脱离环境、脱离团队学习，无异于闭门造车。

所以，任何时候，想做任何事情，去寻找一个有利的环境，这样你可以尽快达成目标。

■ **注意力高度集中，不做和梦想没有关系的事情。**

一个人的精力是有限的。当你超过了一定的年龄，开始被各种问题困扰（如婚姻问题、经济问题）时，你就会发现，过去甚至可以帮别人做很多事情，现在却只能把精力集中在一个目标上。所以在精力有限、压力倍增的情况下，我们应该集中全部精力在一件事情上，不做和梦想无关的事情。

我的一位好友曾经就职于美团，后来跟风创业过几次，每次都是完全不同的方向，但都没什么起色，最终还是逃脱不了失败的命运。她之所以失败，原因在于盲目尝试，以及没有集中精力做一件事情。

成年人的时间和精力有限，如果你想要尝试在某个方向上有所发展，那么必须给自己一定的时间限制，不要在尝试的过程中自我消耗。如果想要尽快成为一个领域的顶尖人物，那么就必须在这个领域里深耕，做和这个目标相关的事。

有条理地规划自己的人生，找准正确的方向，并且坚持努力做到最好，这是收获职业幸福感的前提。

逃脱恐惧心理这间密室

23 岁的生日寄语是：人生有涯，最快的成长是专注地实现一个目标。

24 岁的寄语是：一定要学会聊天。

25 岁的寄语是：我开始相信规划，不再相信侥幸。

在认真反思自己的 25 岁之后，我把 26 岁的寄语定为：有恒产者有恒心，但求从容过余生。

在 25 岁的时候，我进入爱奇艺，升职加薪之路非常顺畅，与此同时，既从事了梦寐以求的市场业务，又学习到了系统专业的营销方法论。但是，我选择了先冷静一段时间，想先了解自己究竟想要什么。我注册了一个小公司，赚了人生第一桶金，从北京三环一家医院旁边的临街房搬到了像样的公寓。我出版了自己的第一本书，被多家媒体采访，去了国内一些知名大学做演讲。我受邀在北京人民广播电台、中央人民广播电台做了自己的读书节目。受一家互联网移动阅读平台——仁仁阅的资助，我做了自己的第一个访谈类视频节目。我为 120 位职场人提供了职业咨询服务，帮他们走出迷茫和困惑。

25 岁是一个还没有底气的年龄，我们很害怕选择错误，还是会犹豫不决，而这样的摇摆不定也会让自己付出代价。在 26 岁的时候，我希望自己能够成为一个内心更加坚定的人。

■ **真正理解平等才能真正树立自信。**

可能因为自己注册了公司，视角转换了，我莫名没了在大公司的层级观念，卸下了身份的包袱，我的人际关系理念也跟着整体发生了改变。在大公司里，如果我是经理，可能就没有办法与总裁深入交流各项事务。但是成立公司之后，我必须直接对接对方公司的高层，整个人的圈子和眼界都发生了变化，这一点对我的影响非常大。没了身份包袱的束缚之后，我觉得自己可以自信地表达自己的观点，尽情地展示自己的优势。

在卸下身份包袱之后，我做了两件极大改变我价值观的事情。

第一件是做个人品牌公关业务，借此我见到了更多优秀的人。我过去一直不知道如何正确地表达自己，在自我束缚中挣扎。朋友圈里没有人看出我在做项目，也没有人知道我拥有的资源和背后的价值。朋友凯瑟琳大王说："如果不和你见面，只看你的朋友圈根本不知道原来你有这样的价值。"当我担心表达自己会被人误解的时候，就放弃表达，这何尝不是一种束缚。

在和一位建模师聊天时，我才得知他曾操盘过许多国际知名的影视项目，而且国内院线一半以上电影的特效制作都出自他们公司。就是这样一个人，我之前却完全没有看到过关于他的报道。他说的一句话让我记忆犹新："我要的就是和我实力相匹配的名声。"可见，出于各种原因，大多数人都有过得不到认可或尊重的时刻，但是他们没有放弃证明自己、表达自己。

以人为镜，我逐渐学会如何表达自己，专注于打造自己的品牌。在那一年，我系统地了解了公关行业的底价和成本，搜集到更多行业内部信息。当然，了解行业底价并不是一件容易的事，因为谁也不会轻易告诉你行业内部的秘密。但是通过不断对比和研究，我最终了解了不少行业成本逻辑以及渠道分布情况。在此之前，我曾因为目标高不可攀，而不敢了解这一行业。之后，我竟神奇地突破了心理恐惧，大胆地做了自己想做的事情。

放下心理负担能让人真正自信起来。只要具备知识和条件，谁都有机会抵达那个梦想中的位置。

第二件事是我在 2017 年为 120 位职场人提供过职业咨询，这 120 位咨询者中不乏一些中年人。他们让我看到，如果不认真地选择工作，又不及时解决职场困惑，日后会发展成什么样子。通过和各种各样的读者打交道，我发现大多数人受制于自己的心态和物质条件，不敢去做选择，之后又因为无法改变而感到迷茫和痛苦。

以平等的视角看世界让人眼界开阔，人在这个世界上有很多种活法，只有你喜欢或不喜欢，适合或不适合，不分对与错。25 岁的我第一次决定自信地面对未来所有的人生选择。哪怕社会上仍有许多条条框框，自己也要做一个自由、自信的人。

■ 找到一个优秀的环境，在一个领域深耕下去。

2017 年，我在处理人际关系方面取得了显著进步。过去，我不是一个注重团队协作的人，因为我觉得大多数工作是可以独立完成的，一个人就是一支队伍。自从有了自己的公司，我开始意识到团队协作的重要性。当我没有那么多时间亲自执行所有任务，就必须要看到某一类人的优点，然后选择和他们合作共赢。这让我对团队的看法有了很大改观。

其次，我逐渐跳脱出自我，开始观察其他人如何看待自己的行为，并思考自己的行为会带来哪些后果。比如，以前我在见投资人或合作伙伴的时候，时常因为不恰当的表达被对方质疑。这件事给了我很大的打击，后来我不得不探索如何能让别人更加信任自己，以及如何表达能给对方留下好印象的方法。

在这个时间节点（即26岁生日）上，我希望之后5年都能在现在我所从事的领域深耕下去，不放弃互联网文娱和公关方向，坚持做到行业顶尖水平。

■ **余生都能从容不迫。**

从20岁到25岁这5年，我始终以一种非常紧张的状态生活着。这种紧张的根源在于我总是在想我要什么，怎么能得到，需要做什么。过了25岁之后，我意识到焦虑除了导致效率降低，并无其他作用。2017年有很长一段时间，我都在思考是不是有更合适的赚钱方式，因为当前这种项目结算式的赚钱方式不能确保我在下个月、下下个月获取同样的收益。这个问题确实很折磨人，如果过度纠结于此，整个人的精神状态就会变差。

我真正摆脱焦虑，是从宣传我的第一本书开始的。最初，有很多问题都得不到解决，我也不敢放开手脚去做，很多事情越是拖延，结果越是糟糕。但是，放手去做之后，我反倒没有负担和焦虑了。

现在的我已经厌倦焦虑和紧张带来的窘迫，渐渐从容了起来。做到从容，一定离不开两点——目标明确和收益明确。如果一个人长期都在追求理想却没有收益，这样的人即便有理想也很难从容。

真正的从容源于对人生的掌控，无论是个人的发展方向，还是物质收益。

我已经对人生有了清晰的展望，积累的资产更让我从容不迫。所以，我期待在26岁的时候有恒产，让自己的生活和事业更加有保障。除此之外，我也希望有稳定的事业，收获更多的商业知识，让自己赚到更多的钱。

成年人真正的独立，是学会为自己负责

在27岁的时候，我写下当年的生日寄语——一旦选择，不再选择。

年龄不是问题，但是如果一个人没有随着年龄增长而获得成长，实现自己预期的目标，那将是极大的困扰。盲目把别人作为参照物并没有意义，因为人生这条路你要一个人走。回忆26岁这一年，最让我痛苦的事情就是抉择。王潇在书里写道，女性的职业路线总会经历一个阶段：使命召唤，抗拒召唤，导师进门，接受命运。不得不说，我的26岁就是在抗拒召唤之中度过了。过去，我希望自己更加从容，希望自己有充足的物质条件。在26岁这一年，我的确变得更加从容，也终于买了属于自己的房子。但是，我仍然在与命运抗争。

故事就从我结束全国签售开始说起吧。2018年4月，我签售的最后一站是湖北大学。在此之前，我就已经开始担忧自己未来的发

展路线了。到底是回到企业继续做白领一族，还是应该去创业开自己的公司。当时的困扰真实而可怕，让我很想逃避。在这期间，好朋友邀请我加入他的公司，也有朋友给了我很多建议，但是我依然不知所措。

当时，我的助理即将大学毕业，她主动提出愿意跟着我一起开公司。我当即下定决心，要趁这个年龄去试一下怎样经营一个公司。于是，我注册了北京选择力科技有限公司，主营职场教育方向。我找来一位腾讯的好朋友做我的合伙人，也吸引了一位阿里巴巴集团的好朋友我们提供支持。

阿里的这位朋友资历深厚，托他的福，我开始有机会和许多基金的合伙人聊了自己的想法。这是我第一次接触融资，接触企业运作，接触竞品分析。很多事情对我来说都很新鲜，也很让人恐惧。2017 年，我和几个朋友创建了一个小型公关公司，做一些品牌项目，但我们从来没有接触过融资和商业投资人这些概念。2018 年，当我从当时的团队里退出、注册北京选择力科技有限公司的时候，仍旧对很多事情一头雾水。好在腾讯的朋友也给了我很多支持。

然而，在这个过程中，我们吃了很多亏。比如，最初我们没有把精力集中放在某一款产品上，而是分散精力去做了其他的事情，结果造成现金流断裂。我们把时间过多地放在员工管理和标准化工作流程上，比如打卡和写邮件等，缺乏一个宏观布局，结果造成效率低下。而且，当时的商业模式也并不清晰。很多我从大公司请过来的同事都是为了领工资而来，不是为了和我并肩奋斗。我也第一次体会到有心无力的感觉。

终于，在8月份的时候，公司现金流断裂。我不得不遣散了一批员工，没有办法打起精神，效率很低，很想逃避。不过很庆幸，在意志力最薄弱的时候，我没有选择逃避，靠自己把这个问题解决了，虽然过程很难。再后来，我又不断地学习，见导师，继续为公司的发展奔走……这一年，我也明白了很多道理。

■ **事情是做出来的，而不是止于选择。**

我过去认为选择最重要，尤其在乎公司背景、同事素质等因素对职业发展的影响。所以，每次面临抉择时，我都要纠结很久。2018年，我觉得，选择是一件可以在30秒之内结束的事情，更重要的是做出选择之后的3年、30年，自己到底为这个选择做了什么。选择会对一个人的发展产生影响，但是真正决定你发展得好与不好的，是你为了这个选择付出了什么。比如，回企业工作和开公司这两个选项对我而言是一样的，只要努力做下去，都会做好。如果我选择其中一个，却不断在后悔，没有为这个选择付出什么努力，那么最终浪费的是自己时间。

现在我已经不会去纠结于到底选择什么了，我会更注重自己在选择之后做了什么。量变引起质变，选择之后的努力会把你带到一个可靠的方向。在接受了这个逻辑之后，我把重心放在每一天确切的积累和实际的结果上。我们无法预知命运的答案，也没有办法提前知道什么选择是对的，所以选择本质上是创造。

■ **在客观世界中，有很多东西是可以被计算出来的。**

2018年我一直都在听万维钢的“精英日课”，由此我意识到自己之前的很多思维方式是不科学的。比如，他提到了“吸引力法则”。听完之后我最大的感触是，客观世界的很多事情是可以计算的。举例来说，如果你想成为一个畅销书作家，必须满足几个条件：有内容，有价值，有流量，了解出版业，有人为你背书，有稳定的产出。除了满足这几个大条件，还需要满足其他小的条件，比如稳定你的粉丝数量以确保个人品牌溢价。

当人把思维切换到数学模式，就变得踏实了。数学思维有一个好处，就是能够让人破除自我束缚。我在和一些职场女性聊天的时候，发现她们总是有“先……再……”这样的想法。我的好朋友曾说她要先花 10 年的时间成为世界著名的教育专家，然后去国外演讲。但其实呢，她现在也可以去海外演讲，只要她的演讲有价值，能找到合适的传播渠道。

这个道理就类似于，我其实不是非得拥有一家市值上亿元的企业，才有资格进入大学去演讲，我只需要能够在我已经成功了的方面为大学生提供他们所需要的建议或指导，便有机会去大学演讲。把一件事分解成几个部分，找准方向，找准渠道，足以很好地完成这个事情，也许这就像一个数学中的加法。

■ 做事的逻辑很重要，盲目地模仿却无法掌握根本的逻辑是一种无效的努力。

我曾在不懂逻辑上吃过亏。我算是很早参与知识付费项目的一批讲师，也是在新媒体发展高峰时期进入这个圈子的，更是恰逢短视频元年进入这一行业。但是，我没有收获应有的用户增长量。后来，我终于明白，做一件事要掌握做这件事的逻辑——你在做什么，靠什么赚钱，靠什么维持用户增长。

如果无法构建这个思维方式的话，再勤奋也只是徒劳。所以我在2018年开始改变自己的思维方式，从原来的内容思维变成逻辑思维。我会经常思考一件事的模型、逻辑、关键节点，然后去优化步骤方法。为此，我读了大量的方法论书籍，包括《流量池》《增长黑客：创业公司的用户与收入增长秘籍》《用户思维》《上瘾：让用户养成使用习惯的四大产品逻辑》《爆款营销：如何通过营销打造爆款产品》等。

在掌握了做事的逻辑之后，你在完成工作时才能够更有效率，也能看到预期的自我成长。

■ **保证稳定的收益增长，让内心充满力量。**

人在最无助的时候，一定得靠自己帮助自己。我过去偏爱绝境，以此让自己彻底抛弃恐惧，也曾多次一有想法就裸辞。然而，勇敢和鲁莽有区别，追求稳定的收益增长比追求大起大落的刺激更容易让人内心充满力量。就算不追求轰轰烈烈的活法，一个人也可以顺利地实现目标。那么，什么是稳定的收益增长呢？

稳定的收益增长 = 稳定的收益口 + 稳定的增长模型

职场人与其不管不顾地做一件其实没有回报的事情，不如在公司里努力奋斗，提高薪资。公司经营者，与其把目光放在虚无缥缈的事情上，不如聚焦收益口，保证收益的增长。长时间在一件有收益的事情上投入，是保证稳定收益增长的前提。

■ 想要改变思维就要改变环境。

我曾和一位在腾讯工作的好友聊到职业问题。她长我三岁，但是面临的问题和我当年一样——有一堆资源却不知道如何去用，看不清事情发展的逻辑，所以不知道如何才能够突破职业瓶颈。那时，我开始明白原来职场环境对人的思维方式影响很大，从不同职场环境里出来的人有很大的的差异。

早几年的时候，我缺乏全局观，就是因为我只能负责一小部分的工作，只能看到庞大版图上的一点而已。后来，我手里握有丰厚的资源，是因为工作性质决定了我有机会遇见很多职场精英，为这些人提供产品服务。所以，环境既能孵化一个人好的思维，也能使一个人的思维受限。不管什么样的人都无法摆脱所处环境的影响。

多切换环境，理解不同人的思维，最后选择适合自己的环境，努力让自己的思维优势最大化。工作需要你做什么，你就做什么，需要你有什么思维你就培养什么思维。如果你顽固地认为自己是对的，就很难有提升。

■ 承认自己水平有限，在行动中学习。

我从今年开始减少文章的篇数，但还会持续更新，努力出精品。我不想成为喜欢说教的人，不想成为一个固执地认为自己什么都正确的人，也不想成为励志达人。我承认，自己的水平有限。所以，我更希望去真实地经历生活，遇见新的朋友，在事业上取得新的突破，在行动中不断学习。

我曾认为我在北京这个地方着实有一种“漂泊”的感觉，但说不明白为什么。2018 年我结识了一些投资人朋友，大家还组成了一个小团队，互帮互助，彼此的眼界和思维也变得更开阔了。慢慢地，北京也变“暖”了。

27 岁的时候，我希望，不管是对于伴侣的选择，还是对于事业的选择，都不要浪费时间在没有意义的事情上，要抓紧时间进入行动的过程，踏实努力，享受结果。

这是我 27 岁的生日寄语：一旦选择，不再选择。

北京，我爱你如初。

第六章

理想和现实的差距靠习惯拉近

好身体是高效工作的原动力

长久以来，亚洲人都被认为是非常勤奋的。世界上其他地方的商店大多都限时营业，能做到24小时营业的基本上都是亚洲人开的门店和公司。在亚洲人的文化和历史里，勤奋成为跨越国家和地区的人生信条。在中国，与勤奋有关的名言也不胜枚举，诸如“勤能补拙”“书山有路勤为径”“业精于勤荒于嬉”等。因为这样的文化，亚洲人普遍不懂得合理休息，我周围有一些上班族甚至因为选择休息而惭愧不已。我的一位投资人朋友说，当她出去度假的时候，看到别的同事还在努力完成项目和见客户，莫名背负了一种愧疚感。

一位自己开公司的朋友经常工作到后半夜。每次我约她出来吃晚饭，她都说要工作，没有时间。长期过度劳累地工作，作息极为不规律，对身体的伤害很大。不到半年的时间，她被查出患有心脏病、肾结石等疾病，一度住院住了很久，无法工作。因此，合理休息是为了更有效率地工作，也是为了更好地享受生活。如果最终没有健康的身体和精神状态去享受成果，那么努力工作又有什么意义呢？

日本作家桦泽紫苑在《为什么精英都是时间控》一书中提出了很多我非常认可的时间理念。其中一条便是——人们的时间是有限的，就算你再努力工作，把所有一切零碎的时间都用来工作，你也只有 24 个小时，一维的时间管理方式是把零碎的时间利用起来，可是不管你如何利用，你每天所拥有的时间是不变的。这时候，二维的时间利用模式就显得非常重要。所谓的二维时间利用就是提升使用时间的效率。效率和体力有密不可分的关系，如果你的体力极佳，那么在同样时间内，处理问题时精神就会更加集中，思维和动作都会更敏捷，耐力也会比别人更强。

谈及体力，很多人都会想到运动，而比运动更有效的其实是正确的休息方式。想拥有更强的体力，除了靠运动增强心肺功能和增加肌肉之外，更重要的是通过休息及时地舒缓疲惫。那么，怎样才是正确的休息方式？如何才能在短时间内迅速恢复体力？

如果你在使用这几种常用的休息方式，诸如看剧、网购、玩游戏等，那代表你正在以错误的休息方式消耗体力，会让自己变得更加疲惫。这些休息方式，往往起不到休息放松的作用，严重的话还会造成精神涣散、专注力丧失。因为采用这种休息模式，我曾经从 98 斤涨到 130 斤，并患上了轻微的抑郁症。在此之后，我尝试了许多方式，最终成功减肥并走出了抑郁。那么，我是如何靠调节休息方式改变自己的呢？我想分享给读者一些有效的休息方法。这些方法并不是我独创的，而是通过阅读大量心理学书籍和运动健康书籍，亲自实践，总结出来的。

■ 冥想：每天早晨冥想 20 分钟，睡前冥想 15 分钟，运动时争取也让大脑进入冥想状态。

我发现冥想的力量，完全出于一次偶然。健身教练说我的呼吸习惯不好，经常在运动过程中忘记主动呼吸，这很不利于改善新陈代谢。于是，在跑步机上跑步的时候，我便集中注意力在自己的呼吸上，盯着一处，督促自己正确呼吸。稍稍有注意力不集中的情况出现，我就立刻提醒自己让自己的关注点回归到呼吸上。结果，意想不到的事情发生了——我感到史无前例的放松，时间也过得很快，还能比平时多跑 2 公里。后来，我才知道这种将集中注意力在呼吸上，控制注意力的方式叫作冥想。

冥想是非常好的放松方法。在你非常疲惫的时候，只要闭上眼睛，集中精力进行冥想，很快就可以感受到前所未有的轻松，而且长期坚持冥想也有助于专注力的提升。冥想能引导一个人集中精力在一件事情上，不受外界的干扰。很多具有犹豫不决，不够果断性格的人，都应该试试用冥想改善自己的性格。我就是冥想的受益者之一。在坚持了 3 个月的冥想之后，我不但调整了作息习惯，也极大地提高了做事的专注程度，摆脱了急躁个性带来的焦虑。

■ **散步：迎着阳光散步也是一种非常好的放松方式。**

有一种物质叫血清素，一个人的精神状态的好坏和血清素高低有显著关系。血清素会影响人的胃口、内驱力以及情绪等方面。当你看到一个人皮肤松弛、面容憔悴、缺乏活力和激情，多半是由体内血清素合成不足引起。提升血清素有一个非常有效的方法：在日光下运动。

科学表明，血清素的合成在很大程度上和太阳有关系。宝宝树集团的前副总裁杨柯老师跟我说，她在美国时，就是靠每天迎着太阳快步走一个小时治好了抑郁症。她说自己简直不敢相信，她的一位朋友依靠大量的药物才治好的抑郁症，居然能够靠免费的日光浴和散步治好。现在看来，这也许因为日光浴促进了血清素合成。晒太阳和在阳光下适度地运动是非常好的放松模式。如果你能坚持一个月，整个人的精神状态与之前截然不同。我调整自己低迷的情绪也是靠在阳光下运动这一招。哪怕只是在午休的时候出去散步，坚持下去都会有非常好的效果。

■ **和人聊天：谈论积极的内容是一种不可多得的放松方式。**

大部分人的焦虑问题是由缺乏反馈引起的。如果我们做的事情没有得到反馈，那么就很容易认为自己的努力被忽视，继而影响心情。和人聊天是一个非常有效的获得反馈的过程。不过，如果总是听人抱怨，你的聊天体验就会很差。这就要求我们挑选一些积极的话题，以及用一些积极的话语去表达。

同样是讨论一件事，从如何能够把这事做得更好的角度切入，共同探讨积极的解决方案，这样的气氛往往会更为轻松。积极的聊天能让人获得正面的力量。

■ **运动：规律的有氧运动，每天运动一小时。**

运动很有必要，比运动更有必要的是持续运动。如果三天打鱼，两天晒网，那么运动的效果微乎其微。

规律的有氧运动，比如每天运动至少一个小时，是一种非常好的放松方式。我经常会选择的运动项目是有氧操、游泳、跑步以及力量训练，其中有氧操是我最喜欢的项目。我一般每天会完成半小时有氧操，半小时力量练习，以及半小时的跑步训练。每天坚持这几个项目，你会在 3 个月后发现自己的身材有明显的变化。

我基本不会报名参加私教课，主要的原因是不喜欢有人盯着我运动。如果你和我一样不喜欢在运动的时候有人在身边指点，可以下载 Keep 手机软件跟随训练计划运动，也可以在家里摆上瑜伽垫自主选择做一些运动。只要持续运动，其放松效果非常明显。

■ **泡脚：对于常常熬夜的人来说最佳的休息方法。**

我有很长一段时间饱受失眠困扰，而失眠又导致身体新陈代谢缓慢，整个人的精神状态非常不好，而泡脚是我治疗失眠的主要方法。热水促进血液循环，这时候如果配上香薰，再加上光线昏暗的卧室环境，整个人更容易有睡意了。所以，如果你经常因为晚睡而深陷焦虑，不妨试试泡脚的方法。好的休息，能让人快速摆脱疲惫，从而有更好的体力和精力应对问题，提升时间的使用效率。

早起，让我走出抑郁阴影

在很多年前，职场曾流行“下班后自我提升”——把下班后的时间利用起来学习一些技能，实现自我提升、自我增值。

很多在大城市打拼的年轻人逐渐习惯了熬夜，且不说是不是在自我提升，但是“越夜越精神”是真的。熬夜是互联网公司的职场生活写照，我一度也非常喜欢熬夜，经常在深夜工作，和其他同事一样，戏称在深夜工作更有灵感。可实际上，深夜工作并没有特别显著的工作成效。

在我的公司刚刚成立的时候，我和一位助理经常一直工作到深夜 12 点，最后她甚至不得不住在办公室。结果，当我审查工作的时候，发现该完成的工作还是没有完成，即使她住在公司，工作也未必能有所进展。我认为，如果不以工作结果为导向，那么加班这件事几乎没有意义。而且，你在熬夜之后，身体需要恢复期，白天更加精神萎靡，然后又不得不把工作拖到晚上。长此以往，身体负担会加重，搞不好整个人会面临严重的健康问题。

我曾经在一些文章里写过，创业让我陷入焦虑之中无法自拔，只想逃避问题。那段时间，严重的工作压力和经济压力，以及不正确的工作习惯和行为习惯，给我造成了严重的身体和情绪问题。如同日本电视剧《世界奇妙物语》中的植物人一般，灵魂在驱体里非常活跃，意识也很清醒，很想要破茧而出，但是身体完全不听支配，行动不起来。

然而，帮我从那个阶段过渡到健康的心理和生理状态的一个习惯是早起。在阅读了一些科学书籍，更加了解人体的生理构造和一些体内器官的运转常识后，我决定早起。中国的古训“一日之计在于晨”真的是一句真理。科学研究也表明，一个人如果利用好早上的时间，将会比不利用早上时间的人创造 4 倍以上的价值和财富。

早起后的 2~3 个小时是大脑的黄金时间。一个人在一天中专注度最高的时候是早上 6∶00~7∶00。在这个时间段内思考最重要的决策以及解决困难的方案，最为高效。我的习惯是每天 23∶00 入睡，6∶00起床，睁开眼后我不会立刻起床，而是躺在床上花 15 分钟左右思考工作和生活中困扰自己的问题。很意外，我几乎可以把那些困扰我很久的问题在一个小时之内想得更明白。

对专注度要求高、难度高的工作应该放在中午之前去做。用上午的时间做一些无关紧要的事情，就是在浪费时间。把困难的工作放在上午做，你会惊喜地发现用不到平时一半的时间就可以解决问题。在发现这个规律之后，我会把最复杂的工作放在上午处理，多数时候这些工作在上午都会被解决了，一旦解决，整个人都会觉得轻松。

早上 30 分钟的工作效率等于深夜的 2 个小时，所以有人说，加班加早上的班，不加晚上的班。还记得有一次，我需要做一份专业的营销报告，因为当天晚上心情非常烦躁，所以选择放下工作去休息。第二天早上，我起床继续处理报告，结果以往 3 个小时才能处理的报告，被我用 45 分钟就解决了。从 2018 年开始，我要求自己在 23∶00 前必须睡觉。在早上加班有利于提升效率，而且保证充足的睡眠能让自己有精神更好地处理问题。

而且，我有一系列让自己早起清醒的方法：

早上淋浴 5 分钟。

开着窗帘睡觉让阳光照到自己，让身体加速合成血清素，迅速改善慵懒状态。

早起后运动 15~30 分钟，让一天有精神。

细嚼慢咽吃早餐。咀嚼也是血清素合成的一个重要条件。

早上，你一定要集中精力将工作各个击破，但不要贪多，找出最需要专注的工作，把上午的时间都用于此，这就是效率最大化。上午的时间虽然宝贵，却非常容易被小事分割，包括洗漱的时间、通勤的时间、上班的时间。这样一折腾，完整的 6 小时，就被切割成零碎的时间了。当然，你也可以利用一些零碎的时间来进行碎片化学习。值得一提的是，用通勤的时间来学习也有意想不到的效果，比如当你开车或坐地铁的时候，你可以听一些语音课程或者新闻，进行“场景学习”。

你可曾发现，早上的时候听一首歌，这首歌就常常一整天在脑内单曲循环。同样，如果把这首歌换成对于工作来说有用的知识和方法，坚持每天学习一个，一个月后你的信息更新速度以及精神状态都会有极大的提升。

一日之计在于晨，利用好早上的时间才能让你与赖床的人拉开差距，创造出更大的价值。

午休，缓解焦虑的幕后操盘手

午睡对于职场人的重要性长期以来未能得到真正的重视。有研究表明，在全球创造亿万财富的企业家里，有午睡习惯的人占了 70%。午休，从本质上来讲是一次注意力的调节，一次高质量的午休能够提升你在下午整体的工作效率。人们经过上午的高强度工作，到中午的时候，专注力会下降 40%~50%。其中 14：00~16：00 是专注力最低的时候。如果不利用好午休的 1 个小时，你损失的就是之后 2 个小时的时间。如果你能把午休的时间利用好，专注力可以提升 90%，工作效率可以大幅度提升。我曾经对公司里午休和不午休的人进行过观察，发现午休的人整体态度更积极，下午上班的效率更高，精神状态更好。

我曾经认为午休非常不合理，于是用了一个月的时间试图把自己变成不用午休的人。在我尝试不午休的第一周，每天到了下午 3 点左右，我就开始感到异常疲惫，然后试图用喝咖啡或者站着工作的方法驱散困意。这虽然有一定的效果，但是整个人仍然非常迟钝，反应迟缓。最初我还安慰自己说习惯还没有养成，21 天之后就可以养成不用午睡高效工作的习惯了。可是直到月末，这种情况依然没有得到缓解。而且我的情绪也开始不稳定，非常容易焦虑。而且，通过对比，我发现有午休的时候，下午的写作效率是每个小时写一篇，没有午休的时候几乎是每 2 ~3 个小时写一篇。

既然午休对职场生活而言如此重要，那么应该怎样正确度过午休的时间呢？

■ **午休的时候可以出去散步，接受日光浴。**

人体中的血清素有利于让人保持良好的精神状态，有利于提高兴奋度和专注力。正如前一节所说，合成血清素的助力因子是日光浴，以及有规律的运动和咀嚼。

我的一位读者在腾讯从事运营工作，她在向我咨询职业问题的时候，阐述了很多职业上的困惑和痛苦。她说自己的职业遇到了瓶颈，她看了很多书，尝试找到答案，但是效果并不好。于是我问及她的工作习惯，她说自己一般一天都在办公桌前工作，午饭也几乎是同事帮忙外带，休息的方式就是从办公桌走到会议室。

不良的工作习惯，让她体内负责提升兴奋度、工作效率的血清素得不到良好的合成，造成她的焦虑日渐严重。我推荐她用阳光午休法，抓紧中午休息的时间去晒太阳，走一走。一个月之后，她对我说，抑郁的症状已经缓解了。

■ **最佳的午睡时间为 20~30 分钟。**

据美国国家航空航天局研究表明，26 分钟的日间小睡可以让飞行员的表现提升 34%，灵敏度提升 54%。

我的公司一直支持员工养成午睡的习惯，这点是向搜狐视频学来的。搜狐视频的工作氛围很好，员工有专门用来午睡的休息室，还有非常舒服的沙发和床。不过，一些职场人习惯过度午休，这会造成睡醒之后还是很累，因为从混沌到清醒又要经历一段时间。这样的午睡使一个人整个下午都处在低迷的状态之中。午睡超过 1 个小时之后，人会进入深度睡眠，如果午睡 3 个小时人还没有醒，对身体的危害很大，会增加患心脏病的概率。所以午睡的时间不宜过长，也不能太短，20~30 分钟最佳。恰到好处的午睡时间才能够达到休息的效果。

■ **午睡前喝咖啡喝茶，醒来更有活力。**

咖啡因在人的体内发挥作用是需要一段时间的，时间为 20~30 分钟。喝完咖啡或茶，午睡 30 分钟后，人就可以更清醒。很多人不知道这一规律，经常在午休后再喝咖啡。咖啡因开始发挥作用的时候，人还是会昏昏沉沉，造成喝了咖啡或茶也不起作用的错觉。

■ **午睡后运动 10 分钟，整个下午都可以享受愉快的工作心情。**

运动会刺激大脑产生多巴胺，所以职场人学会在办公室运动尤为重要。你可以尝试快速上下楼梯，可以尝试深蹲，也可以尝试一些简单的健身运动动作。我最喜欢的办公室运动是开合跳和蹲起，找一个没有人的会议室，轻松做20个开合跳，20个蹲起，整个下午我会有非常好的工作状态。就算不运动，我如果能够每工作90分钟，活动一下颈椎，散一散步，或者爬爬楼梯，那么也可以达到刺激多巴胺分泌的目的。

午休，长久以来作为一项不被人们重视的职业习惯，在提升工作效率、重塑精神状态的环节起到了非常大的作用。我们不能忽视微小的习惯对职业成长的塑造作用，对职场效率的提升作用。我希望更多的职场人能够意识到午休的价值，并且能够科学午休，收获更好的精神状态。

在上班时间解决问题，在下班时间学会休息

与传统型的企业不同，互联网公司往往更年轻、更活跃的、更扁平化。一线互联网公司喜欢什么样的员工呢？我曾经采访过很多来自BAT的职场人和高管，谈及奖金会发给什么样的年轻人，他们不约而同地说，会发给那些勤奋、积极、有创新精神、肯干的年轻人。

勤奋、积极、创新、肯干的年轻人在这个时代并不占少数，但并不是每一个有这样特质的年轻人，都能够做出有利于公司整体发展的事情来。在生活和工作中，我们经常能够看到很多年轻职场人表现得很积极，内心却悲观得很。他们喜欢创新，但是并不懂得创

新的规则，发明一些虎头蛇尾的玩法，劳而无功，肯干怕是其唯一经得起推敲的品质了。

那么，那些真正勤奋、积极、创新、肯干的年轻人的共同习惯到底是什么呢？答案是专注力。专注力是在这个奋发向上的时代职场人最需要的一种能力，其重要性不言而喻。如何才能培养专注力呢？如下的几个方法可以有效帮你达到目的。

■ 会休息是提升专注力的前提，掌握 15/45/90 休息法则。

一个不会休息的人是无法学会专注的。工作里，我最害怕和不会休息的“勤奋者”组成队伍，他们经常在半夜给你发消息，要求你处理工作问题。专注力就是不要违背身体的生物钟规律。一个人必须要在合适的时间以饱满的精神做重要的事情。身体也有自己的休息周期，如果一个人连续几个小时都坐在椅子上工作，那么这个人的效率会越来越低，长久下去，还会引发颈椎病。

所以该原则认为，人应该分别在 15/45/90 分钟的节点休息一次。如果你的工作任务紧急且需要高度集中注意力，那么至少 15 分钟休息一次；如果你的工作是面对电脑处理文件，那么 45 分钟要休息一次；90 分钟是成年人注意力的极限时间。就大部分人的日常工作而言，我建议每 45 分钟就休息一次。下楼散散步、出去走一走、喝一杯咖啡、听听音乐、闭目养神……都是非常好的休息方式。

我在刚开始工作的时候经常觉得自己体能无限，不懂科学工作，不懂休息，在不了解自身实力的情况下盲目承诺。比如，我那时经常对我的领导说“我保证两个小时就完成工作”。但是，两个小时内我根本做不完这件事情。多次下来，我的自信心和自尊心都受到了打击。在使用了这个休息方法之后，我的体能得到了有效恢复，精神状态也有非常大的改善，工作效率直线上升。我还把这个方法推广到公司里，让公司的同事都学会休息。效果显著，整个团队的工作效率有了极大的提高。

■ 保持工作环境和工具的整洁有序，以保持专注力的连贯性。

如果你现在需要一个文件，但是办公桌很乱，要花费时间寻找，你的专注状态就被打断，而回归到专注的工作状态又需要一定的时间。

科学家研究发现，在杂乱无章的环境里工作的人和在干净整洁的环境里工作的人，工作效率截然不同。前者效率低下，后者效率更高。所以，工作的时候尽量排除周围的干扰，专心致志地处理一个问题，解决之后再统一回复其他的信息。

长期使用这种专注工作法不仅有利于提升工作效率，更有利于提高一个人的毅力。在专注的状态下，一个人更容易迅速把握解决问题的关键，做出成绩。

■ 想要停止焦虑，把你脑中的杂念写下来是一种很神奇的做法。

我尝试过把自己的焦虑都写在纸上，效果非常好。如果你读到这里，就可以立刻尝试一下。拿出一支笔和一张纸，把最让你困扰的事情写下来，然后全身心放松，把纸张揉成一团放在抽屉或盒子里保存。这里需要注意的是，不是把它扔在垃圾桶里，而是放在自己能够找到却不能直接看见的地方。这源于心理学中的一个实验，把“焦虑”扔进抽屉会带出一种潜在的心理暗示——焦虑依然存在，但你暂且把它搁置，先专注于眼下的事情。

全身放松也是需要被特别强调的。如果你在写下焦虑的过程中始终想着“这么做到底有什么用”“这么做肯定没有效果”，那么你的精神就不够放松。关注好的一面就会获得积极的力量，关注不好的一面就会收获负面情绪。如果你持续加强“这个方法没有用”的心理暗示，反而会增强烦恼和焦虑的意识，无法解决问题。

搜狐公司 CEO 张朝阳在早年的采访中也曾说，自己唯一解压的方式就是把自己的烦恼写下来，然后用火烧掉。这是一种和前文类似的心理暗示方法。

■ 一定要设置完成目标的截止时间。

做事情必须要设定截止时间。一旦时间让人产生危机感和紧迫感，人就会分泌去甲肾上腺素，这时人的精神状态会变好，学习能力会变强。在日本，有一种工作方法叫作秒表工作法。比如，你在一个小时之内要完成一份文件，在过程中用秒表计时，可以激发你完成工作的紧迫感。长此以往，你可以通过这种手段优化工作方法，比如平时每次写文章需用 1 个小时，接下来可以挑战在 45 分钟内完成写作。真正高效的学习达人和职场达人，都可以把学习和工作当成游戏，而秒表工作法就类似于一种闯关模式的游戏。

截止时间一旦敲定，尽量不要轻易更改。我以前有非常严重的拖延症。我每次下定决心在早上 7：00 起床，但是经常拖延到 7：30，甚至更晚，以致我的工作和生活都受到了影响。后来，我不得不强制自己设定起床的截止时间，我必须在截止时间之前完成起床的目标，否则就要惩罚自己。我很快改善了拖延症。

说到有拖延症的人，他们很难说到做到，设定截止时间这个方法的效果会大打折扣。但是，我们仍有补救的办法：提前做好下一件事的安排。如果不做好当下这件事，就无法开始做下一件事。比如，你在10月31日之前必须交稿，然后在11月1日去美国旅行。如果不按时交稿，那么你在美国的时候也要继续工作，直至交稿，那你的心情一定会大受影响。可能你本来打算放松散心，结果反而心情更糟了。

专注力是职场人高效工作的前提。专注力能够让你在复杂多变的职场环境中获得有效的竞争力。BAT喜欢这样的年轻人，又有哪个公司不喜欢呢？

第七章 一旦选择，不再选择

如何做到选择后不后悔？

很多人在做决策的时候犹犹豫豫，无法下定决心，做了决策之后又开始后悔。如此反复，非常浪费时间。这或许是因为选择者不懂得如何衡量利弊得失，而盲目选择的结果。一旦后悔已做出的选择，在下一次抉择中会更加畏畏缩缩。

到底是什么阻碍了人们塑造和培养客观思维，做出客观判断？答案是人的过度想象。

你可以想象这样一个画面：在客观的你和主观的你之间隔着一面玻璃墙。客观世界只有客观事实，而在玻璃墙那边的主观世界里，你在揣摩周围的人到底在想什么，人们为什么看你，看你的目的是什么，不由得产生畏惧、恐慌、自卑、逃避的心理。

可见，在生活和工作中，我们想当然地认为非常严峻的问题可能并没有那么严重，只是我们的过度想象放大了负面情绪。而自责愧疚的负能量会一直干扰你的判断，影响你之后的每一个决策。如何才能摒弃这种主观放大情绪所带来的负能量呢？

通过亲自尝试，我总结出一种权衡利弊的目标方法：

长远目标 - 当下目标 = 最终决策

一位小米公司（以下简称“小米”）的中层管理者，在向我咨询职业问题的时候，讲述了她的一次人生滑铁卢经历。在小米上市之前，公司为了激励核心员工，让他们自愿选择员工持股或提高每个月工资。这位中层管理者选择了增加工资，每个月领到了超出预期的工资，她非常开心。可是等到小米上市后，她发现那些拿到股票分红的同事，平均比她多了400万~800万元的收入。这时候，她开始后悔，抱怨自己没有战略眼光。因为后悔自己当初的选择，她一度陷入自我否定的状态。

人们到底该如何稳准狠地决策，才能让自己不后悔呢？在回答这个问题之前，你要意识到自己的决策是在当时特定的环境和认知水平下的产物。也就是说，即便再给你一个回到原点的机会，你还会做出和之前一样的选择。如果你没有长远目标，那么你就容易被眼下的短期目标吸引。这位小米的员工当时没有长远的目标（如成为企业高管），那时她最迫切的需求是每月多赚钱，再加上在北京生活的压力大，她选择折现也符合当时的客观环境。所以她当初的选择并不是错的，而是那个客观条件下、那种认知水平下必然的选择。认清这件事就能极大程度减少自责和后悔带给她的负能量。

我们需要学习分析利弊的理性方式，在下一次的选项之中做出更为优质的选择。每个人长远的目标不同，不同的长远目标影响每个人当下不同的选择。利用权衡利弊法则可以让我们的选择更加清晰，让我们的决策更符合现阶段的发展水平。

如何能够制定长远目标？

长远目标 = 身份愿景 + 财富愿景 + 行业环境愿景

在制订一个长远目标的时候，我们要明确自己在这个目标里的身份、所拥有的财富和所处的环境。以这位小米的员工为例，假设她把长远目标设定为成为企业高管，拥有百万年薪，深耕手机硬件行业。这样的长远目标，不仅很有画面感，而且还能引导她从最基础的三个要素（目标、财富、领域）进行清晰的规划。

如何制定当下的目标？

当下目标 = 物质需求 + 能力目标 + 实现步骤

这样设定目标能够帮助我们有效地分析客观情况。首先，经济基础决定上层建筑，在当下的目标里，钱一定是一个不可忽视的部分。拥有多少钱能让你觉得在当下有安全感，那就是你的物质需求水平。其次是能力目标，一个普通员工一下跃升为副总裁是很难的，大多都是先从基层开始升职之路。如果你想提升自己的职场地位，一定要制订一个可行性最高的目标。最后是实现步骤，即如何能够实现自己的物质期待和职场目标。

以小米的员工为例，她可以把眼下的目标定位成：10 000 元月薪 + 升职做总监 + 实现步骤（做好项目拿工资 + 业余兼职 + 股票变现）

那么，

长远目标 − 当下目标 =（成为企业高管 + 百万年薪 + 深耕硬件行业）−（月薪一万 + 升职做总监 + 做好项目拿工资 + 业余兼职 + 股票变现）

在这个公式里，股票的位置是什么？股票的位置有两处，一处用于眼下变现，一处用于和企业建立更加紧密的关系。从长远目标看，既然要和企业建立更加紧密的关系，眼下她又在该行业深耕，而做好项目拿工资、业余兼职赚钱等变现方法均比用股票变现更好，那么她自然会选择留存股票。

权衡利弊分析法，可以有效避免我们做出缺乏长远战略眼光的抉择，同时也充分考虑到做抉择时刻一个人的实际水平，从而引导我们客观地看待过往的选择，不至于在后悔中浪费过多的时间。

好决策的步骤永远比想象得少

我的一位好友从日本广岛大学毕业后在日本工作了一段时间，之后回国进入一家国内知名的教育公司，有了一份体面的高薪工作。不久前，她说自己打算离职，进修一个学位，准备做大学老师。

我好奇原因。

她说：“因为公司太大，个人发展受限，所以想去大学做老师。”

“为什么要去大学做老师呢？”

“大学老师有较高的社会地位，未来随便去企业做一个顾问，都能赚很多钱。”

“你去做大学老师，就是为了有资格做企业顾问？那为什么不直接去做企业顾问呢？”

“我现在没有身份啊，我在企业里既不是中层管理者也不是高管，企业凭什么找我做顾问呢？”

这段对话之所以让我记忆深刻，就是因为这位朋友犯了最常见的一种决策错误——弯路思维。所谓弯路思维，就是为了实现终极目标而设计多个复杂但并不必要的执行步骤。按照我这位朋友的思维方式，想成为企业顾问，赚很多钱，需要一个合适的身份，而大学老师就是个合适的身份，所以她实现目标需要三步：第一步是完成深造，第二步是进入大学当老师，第三步是成为企业顾问，赚很多钱。在实现目标的过程中，一旦执行步骤增加，不确定性就会增加。

“我必须先怎样，再怎样，最终才能够实现自己的目标”这种思维方式有时候在拖延我们做决策的时间，让决策者走更多的弯路，是在看似合情合理、其实毫无逻辑的步骤里浪费自己的时间。

万维钢的“精英日课”里有一个我非常认同的观点，那就是相关性和因果关系有区别。很多事情之间多半具有相关性而非因果关系，如果人们强行把所有发生的事情都联想成因果关系，就会产生多余的步骤设计。没有人规定只有成为大学老师，才能够进入企业做挂名顾问。如果只是为了做企业顾问，有更加简单的方法可以达成目标。这位朋友可以找准一个网络平台，持续生产关于某一个领域的内容，研究好运营策略，持续积累粉丝数量，塑造影响力，然后找到一家专注做企业咨询服务的公司，为自己做推荐。现在，很多专业顾问都是这么做的。这个时间周期比先读书，之后去大学工作，再做企业顾问短很多。相比于弯弯绕绕的“三部曲”，上述方法简直是直达目标的捷径。

在职场决策中，真正好的选择不需要设计很多步骤，只要围绕最核心的目标选择一步到达的方法即可。如何彻底克服决策过程中产生的弯路思维，不浪费自己的时间呢？接下来的故事或许会对你有一些启发。

我的另一位读者也犯了类似的错误。这位读者想进入金融公司从事产品设计的工作，但是之前毫无经验。于是她给自己安排了一系列实现目标的步骤，先自学产品知识两个月，然后以此为基础去目标公司参加面试——如果面试产品设计的工作失败，那就先从运营开始做起，再去寻求内部转岗的机会。很显然，这就是一个复杂的的决策思路。第一步，脱离实际先自我学习。第二步，拿着学习的凭证去找工作。第三步，想进理想的公司，如果进不去，就依靠运营的“老本行”进去，再去寻求内部转岗的机会。这是一个完全没有围绕核心目标构建步骤的方法，如果真的执行起来，无异于浪费自己的时间。

正确直达目标的方法应该是奔着成为产品经理的目标去执行，一步直达。先去面试，了解企业需要什么样的产品经理，然后根据企业的反馈有针对性地学习。一边学习一边继续参加面试，拒绝不适合自己的岗位，只针对这一个岗位进行投递，不断积累面试的反馈，加强学习。在企业的选择上，不一定要选择知名企业。确定方向之后，只需要选择同行业、同领域、同类型的公司就可以，因为所接触的业务大同小异。先进入到理想的行业，入了门，再慢慢跳到这个行业的顶尖公司。

我个人从互联网读书行业跳槽到视频行业的过程也是如此，放弃把版权公司之类的岗位作为过渡，直奔目标。所以，想要摒弃绕弯子的选择思维，就需要我们在寻求解决问题方案时先确定一步到位的适配目标。

一步到位，就是不绕弯子，不自以为是地设计很多步骤。每个人的时间都非常有限，好的决策应该围绕最核心的目的一步到位，这样你会发现，过上自己理想生活的速度比想象得快。

30 秒内的决策和想一年是一样的

我的职业发展中最为滞缓的一年就是 2018 年。

2018 年我在各地签售之后面临了严峻的职业选择问题，是回到大公司继续工作，还是从 0 开始自己开公司？对这件事的犹豫不决，让我一度陷入低谷。一方面，自己当初来北京，就是希望有朝一日能够有自己的公司，或者成为知名企业的合伙人。但是自己那时什么都不懂，如果贸然选择开公司，失败之后，可能会承受不住打击。所以对于创业途中未知的恐惧，让我更加无法轻易舍弃大公司提供的薪资和福利。另一方面，我也深知，如果继续回归企业工作，又要面临和过去一样的问题。

真正找到解决这种犹豫不决思维的思路，是从我读到一本书中的一句话开始的："果断决策，想 30 秒和想一年的答案是一样的。”

醍醐灌顶。那时候，我下定决心，放弃大公司优渥的福利和薪资，奔着成为一家企业的合伙人、开公司的终极目标努力。之后，通过迅速组建团队、扩张业务，三个月内，公司赚到足够支持2019年业务发展的现金流。自己整个人的精神状态也变得非常好，摆脱了犹豫不决的状态。在实现这一转变的过程中，一些行之有效的方法功不可没。

■ 在陷入焦虑的时候，问自己一句：关于这件事，你想要一个怎样的结果？

这是一个神奇的方法。当你怨天尤人时，这句话可以让你瞬间从焦虑的状态中抽身出来。

一位毕业于哈佛大学的读者回国后找不到理想的工作，非常焦虑。她对我说：“我就是想做风险管理相关的工作。但是，现在这类企业都要求有一定的工作经验，再加上确实没有人脉能帮我推荐，就算我有再好的学历背景，再想进，他们也不要我啊。”她反复强调内心的不满，感慨为什么企业不给她机会、不选择她，把自己的焦虑表现得淋漓尽致。这时，我突然问了她一句：“这件事你想有个怎样的结果？”她用焦灼的语气对我说：“我不知道，他们就是不要我啊，我能怎么办？”在她心里，她已经倾向于认为自己目前就是无法得到想要的工作。这是典型的沉湎于焦虑的表现。焦虑迫使她把重心放在郁郁不得志的个人境遇上，甚至消磨着她的信心。

北京协和医学院临床医学博士、杏树林创始人张遇升老师在讲到人们的精力管理时提到这样的思维模型——人做成一件事靠的就是人的精力。人的精力金字塔由体能、情绪、注意力、信念四部分组成。体能指人的身体素质，情绪指是否在实现目标过程中一直有正面的态度，注意力指是否能够高度集中精力解决一个问题，信念就是你最终希望和相信一件事情能达成预期的结果。张遇升说，在一个人做一件事的最后阶段，体能也耗尽了，情绪也波动了，可能注意力已经集中不起来了，这个时候，真正能让你向上冲一把、彻底达成目标的就是使命感和信念。所以，人们才说要相信“相信”的力量。

很多人因为受到来自外界的打击，产生负面情绪，到最后甚至忘却了自己的初衷，更是丧失了为目标努力的信念。因此，在你焦虑不堪的时候，不妨问下自己“关于这件事我到底想要一个怎样的结果”。这一灵魂拷问将会迅速把你从坏情绪中拉出来。

■ 尝试在 30 秒内完成决策，因为 30 秒内的决策结果和想一年是一样的。

做决定不需要很长时间。想 30 秒和想一年的结果是一样的，这有一定的科学根据。一个好的决策需要足够的信息作为判断基础。但是，大部分人在做决策的时候，很少有搜集精准信息的意识，或者因能力有限，根本搜集不到足以支持决策的信息。缺乏外界环境的支持及有利信息的引导，人的想法在短时间是不会被改变的，所以 30 秒和一年的决策结果是一样的。

我的另一位读者在海外向我倾诉了他的想法，他准备回国，但是一直都放不下目前在国外获得的工作和财富。他很苦恼，一方面很希望回国发展，想在国内高速发展的领域大展宏图；另一方面又觉得自己对国内就业市场和行业发展情况不了解，贸然回国工作会吃亏。当时，这位读者和我认识有两年的时间，每年都报名参与我的会员活动。在回国这件事上迟迟下不了决心的他，在我们认识的第3年，选择回国了。据我所知，他想从事的行业在他最初想要回国的那一年正是高速发展的时期，等他回国的时候已经达到市场饱和了。

最初，如果他能够意识到，在缺乏足够的信息支持的情况下，思考一年和在30秒内决策的结果是一样的，那么就不会白白浪费那么多的时间、错过最佳的择业机会。

■ **做了决策之后就立刻去做，放弃不符合自己心意的选择。**

立刻去做和懂得放弃是相辅相成的。立刻去做就是不要等待。决策是有保质期的，如果拖延太长时间，一件事情成功的条件发生改变，那么这件事就很有可能会失败。我在事业发展最低谷的时候，曾向宝宝树前副总裁杨柯老师寻求建议。她说你必须要快，要迅速破冰，如果再这么慢吞吞，就算实现了目标也没有任何意义了，因为当市场环境发生变化，你就无法收获预期的影响力和经济收益了。不管是对个人还是公司，快和专注都是最重要的事情。

快，即做了决策就立刻去做。专注，就是把注意力放在应该做的事情上。如果做不到这两点，你会因为犹犹豫豫而浪费时间。

回想自己的职业发展，我每一次的人生选择都是因为做到了这两点才得以选准赛道。最初想辞职的时候我就立刻辞职了，然后立刻行动起来寻找符合自己心意的工作机会，仅仅用了3个月的时间就进入了理想公司。出书也是一样，我在决定出书的那一刻，就开始写文章，积累粉丝，物色资源丰富的出版社，才有了第一本书的出版和全国签售以及最终销量突破 30 万的成绩。开公司也是一样，既然决定经营公司，我就放弃了回企业工作的机会，放弃不合适的业务线，迅速投入到创业之中，开始积累现金流。

在各种具有诱惑的选项面前果断决策很难，但是只要知道自己不要什么，拒绝不想做的事情，就会最大限度地靠近自己最应该做的事。

实现梦想的时间，没有我们想得那么长

我在采访前亚马逊中国的副总裁张思宏时，他有一段话让我记忆犹新。

他说："现在是最好的时代。过去我们那一辈人实现梦想可能需要 10 年，但是现在信息技术这么发达，行业划分这么清晰，很多年轻人只需要几年的时间就可以实现自己的梦想。过去我们积累财富，只能靠多年职场工作，现在年轻人积累财富，只要找准方法，比如做个网红，一个月流水就有上百万元，用不了几年就实现逆袭。"

是的，实现梦想的时间远没有我们想象得那么长。所以，在这个高速发展的社会，年轻人在做个人选择时要稳准狠，要意识到事情的爆发节点在哪里。

从八九岁开始，我就梦想着成为作家，一直到大学毕业，梦想

却还在原地。我反思这十几年为什么依然没有实现梦想，答案是没有坚持写作，没有掌握核心的方法，没有沉浸在实现目标的环境里。在毕业半年之后，我加入微博读书频道，了解到整个互联网读书行业的运作模式，积累了一定的行业人脉资源，坚持在 2016 年每天写一篇文章。第二年我成功出版了自己的作品，并在全国签售。实现这个梦想只用了一年半的时间。由此可见，找准方法、构建实现目标的环境，坚持耕耘，实现梦想的时间不一定要那么长。等待是赢不了的。重塑实现梦想的时间观念尤为重要。这就需要我们运用大数据的思维，了解在一个行业里实现目标的平均时间，调整自己做事的时间。那么，如何构建快速实现目标的时间观念？

■ 了解行业的数据，从整个行业角度判断完成一件事的平均时间。

过去我在采访职业精英的时候，问得最多的一个问题是：你实现这个目标大概花了多长时间？通过对近千位职业精英的采访，我发现，除去摸索期，他们在找到方向之后，做一件事初步有显著成效的时间大概是 1 年。以此为限，当我做一件事超过 1 年还没有任何起色时，我会开始思考问题出现在哪里，有没有必要调整，如何调整，因为再坚持下去很可能是在浪费时间。

在我经营公司的时候，把我从低谷期拉出来的是当时和纪源资本投资经理刘丹妮的一次交流。我问她，在中国，创业公司失败的周期平均是多长时间。她告诉我有行业报告显示是 2.5 年。一家公司如果成立了 2.5 年还没有任何起色，那么这家公司就岌岌可危了。我当时计算了一下，自己的公司已经成立 9 个月了。那时我强烈地意识到，如果再不奋发崛起，就很有可能会浪费将近两年的时间。万一失利，我会因为公司的失败、时间的流逝，而变得无比凄惨。因此我开始打起精神，拼命要把公司经营起来。所以，了解在一个行业内实一个现目标的大概时间，可以有效地营造截止日期将至的紧张感，激发自己最大的潜能。

■ **学会计算自己做事的时间。 了解自己从 0 到 1 做一件事到底要花多少时间。**

了解到别人做成一件事的平均时间之后，下一步是估算自己从 0 到 1 完成一件事情需要的时间。这极好地对应了我在之前的章节里反复提到的如何估算自己做事的时间。第一，持续地做一件事。第二，计算自己做成这件事需要的时间。通过持续写作，我发现自己无论是学习还是工作，在一个陌生的领域初步取得成绩的时间周期在 3 个月左右。因此，我在加入新的环境、承担新的项目时，都倾向于给自己预留出 3 个月的时间。

每个人做成一件事的周期是不一样的。只有长期在一项习惯中持续观察，才能够找到适合自己的周期。换句话说，个体的产能决定了你将在多久时间内实现自己的梦想。找到自己的时间周期后，你不会设置一个过高的目标，不会让自己在追求根本不可能完成的目标时，挫伤自信心和自尊心。

■ **利用结果法，避免浪费时间。**

在观察到持续行动的周期之后，你要尽可能找到效率不够高的原因，缩短自己在此过程中浪费的时间。比如，我每天在一件事上投入 1 个小时，基本上 3 个月之后会看到结果，那么如果我每天投入 2 个小时，实现目标的时间会不会缩短为原来的一半？以及，如果对时间的利用效率很低，有没有可能通过专注力管理、体能训练，提升自己在这 1 个小时的效率？这时候我工作 2 个小时，可能收获过去工作 4 个小时的成果，是不是变相地节省了很多时间？

每个人在做事的过程中都浪费了一定的时间，那么，这些时间被都浪费到哪里了呢？可能是不必要的情绪问题，可能是不必要的交流，也可能是其他不必要的事情。关于如何减少情绪对时间的浪费，我觉得最有效的办法是观察负面情绪导致的后果。你一旦意识到任性、耍脾气的结果都是拖延时间，自然而然就会学习控制自己的情绪。

过去，我在做成一件事之前最大的困扰是他人的不信任。在和一些投资人聊业务时，他们会设想出无数个在现实中不太可能出现的情况，问我如何处理。我最初觉得对方非常不信任自己，颇受打击。后来我才意识到，人和人的认知水平极为不同，我的资历没有办法得到所有人的认可，这很正常。虽然那些投资人提问题的角度非常刁钻，但是我不得不承认有些问题真的不在我的预见范围内，而且也不能否认它们的价值。受到启发之后，我找到了可靠的客户渠道，公司的现金流因此快速滚动起来。我才发现，不以自己的固有认知为标准判断所有事情，尝试理解新的问题和方法也是一种高效的时间利用方法，让人受益。

人生最宝贵的是时间，对时间的精准掌控，让我们加速实现梦想，达到理想的生活状态。

我的目标都实现了，然后呢？

林志颖是我的偶像，非常符合我最初对于“梦想家”的定义。他实现了很多梦想，对人生也抱有积极向上的态度。我极强的目标感就是从他那里学到的，并且我始终坚信只要设定好目标，坚持行动，一定可以实现目标。我在人生的前25年一直在享受实现一个又一个目标后的自信和快感。然而，在我实现了第一个3年目标——进入行业顶尖的公司，出书并在全国签售之后，我开始不知何去何从，陷入低谷期。我的目标实现了，然后呢？

当时我读了一本名为《自我驱动心理学》的书，里面讲到很多人付出很长时间实现了最想实现的目标之后，会有一段非常明显的空虚期。这段空虚期的表现就是不知道下一个目标在哪里，什么事情都无法让他们提起兴趣，终日被自我怀疑折磨。书中还列举了很多知名企业的创始人，曾在达到人生鼎盛期的时候，饱受抑郁之苦。空虚期或低谷期都是暂时的，我们应该如何处理这阶段的心理问题，让自己持续地拥有良好的心态、积极地实现目标，尽快走出低谷期，踏上下一段征途呢？

■ **以3年、5年为期限设定长期目标。**

我在实现第一个3年目标之后经历了近7个月的低谷期，然后走了出来。是什么让我陷入低谷？原因在于实现了3年目标之后，我迫切地要实现5年目标，却忘记调整自己的状态。与太容易实现的目标相比，3 年目标或 5 年目标并不是在短时间内，比如一个星期、一个月，可以实现的。我甚至还没来得及感受实现 3 年目标的成就感就急着踏上征途，把自己拖入了长线战斗。

对职场人而言，以 3 年、5 年为期限设定目标，周期不会太长也不会太短。长期目标的确可以延迟满足感，在梦想实现的那一刻放大幸福感。但不可忽视的是，实现长期目标也更需要耐心，需要稳步把握节奏，不可操之过急。

■ 实现目标之后奖励自己。

在已经实现了一个目标，而下一个目标尚未开始时，适当的奖励会激发一个人继续挑战的热情，避免其陷入无所适从的低谷期。这时候，我们有必要把改善消费习惯和设定个人目标结合起来，重新定义个人消费。

很多平时肆意挥霍金钱满足购物欲的人，却很难真正幸福起来。我不是一个物欲很强的人，几乎很少买奢侈品，但是实现了自己定下的目标之后，才允许自己买这些物品作为奖励。那么，一个大牌的包就不只是一件单纯为了满足审美需要的奢侈品，而是一件战利品。看到这些战利品的时候，我就从中获得了极强的自信，因为这些东西都是靠自己的努力一点一点赢来的。

■ 找到自己的兴奋点。

每个人的兴奋点不一样，但是兴奋点的作用是一样的，即刺激一个人持续行动，不断超越自我。比如，林志颖喜欢赛车，他把对自己的奖励落在赛车这件事上，而赛车除了让他获得极大的成就感和满足感，还激励他努力工作，并在赛车比赛中取得更好的成绩。

我的兴奋点就是房子，这一点源于我的家庭。我的母亲在投资房产方面颇有心得，她在二十七八岁的时候就全款在家乡买了5套房产。房子为什么能够成为我的兴奋点呢？原因是它的价格比较高，很难说买就买；比起价值一两万元的奢侈品，房子的成本更高，延迟满足的作用更大，而且不动产增值空间很大。对我来讲，购置房产是极强的个人成就感所在。

人生是一场充满未知的马拉松比赛。只有擅长设置时间节点、持续实现目标的人，才能幸福地跑完全程。